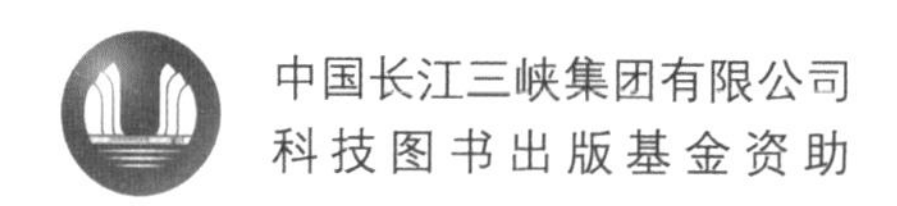

中国农村污水治理技术分析与实践

胡军　顾凯　雷轰 等　编著

中国三峡出版传媒
中国三峡出版社

图书在版编目（CIP）数据

中国农村污水治理技术分析与实践 / 胡军等编著.
— 北京 : 中国三峡出版社, 2023.12
ISBN 978-7-5206-0291-4

Ⅰ. ①中… Ⅱ. ①胡… Ⅲ. ①农村－污水处理－研究－中国 Ⅳ. ①X703

中国国家版本馆CIP数据核字(2023)第236968号

责任编辑:丁　雪

中国三峡出版社出版发行
（北京市通州区粮市街2号院　101199）
电话：（010）59401531　59401529
http://media. ctg. com. cn

北京中科印刷有限公司印刷　新华书店经销
2024 年 1 月第 1 版　2024 年 1 月第 1 次印刷
开本：787毫米×1092毫米 1/16　印张：7.25
字数：184千字
ISBN 978-7-5206-0291-4　定价：68.00 元

编委会

前言

在“两个一百年”奋斗目标的交汇期，在“十四五”开局之初，中国长江三峡集团有限公司（以下简称“三峡集团”）正奋进在实施清洁能源和长江生态环保“两翼齐飞”，助力实现“双碳”目标的新征程上。改善农村人居环境，是以习近平同志为核心的党中央从战略和全局高度作出的重大决策部署，是实施乡村振兴战略的重点任务，事关广大农民根本福祉，事关农民群众健康，事关美丽中国建设。农村污水治理作为长江生态环保板块中重要的组成部分，也是改善农村人居环境领域中十分重要的一环，事关乡村振兴大局。

我国农村污水治理是农村人居环境整治提升的突出短板，农村生活污水处理设施建设滞后，整体治理率偏低，面临着资金投入严重缺乏、设施建设不规范、核心技术能力不足、产品装备产业发展不充分、长效机制不健全等实际问题。为了更好地改变我国农村污水治理现状，要以习近平新时代中国特色社会主义思想为指导，贯彻落实党中央打好产业基础高级化、产业链现代化（简称“两化”）攻坚战部署要求，立足新发展阶段，完整、准确、全面贯彻新发展理念，坚持以自主可控、安全高效为目标，以企业和企业家为主体，以科技创新为动力，以融合发展为路径，加快推动产业基础再造和关键核心技术攻关，统筹推进补齐短板和锻造长板，不断优化产业发展生态，增强产业竞争优势，为建设机械工业现代化产业体系，实现高质量发展提供有力支撑。

遵照党中央关于农村生活污水治理工作的部署，以科技创新为高质量发展的内生动力，打造我国农村污水治理的原创技术策源地和产业链，要紧紧围绕“两化”攻坚战，坚持需求牵引和问题导向相统一，坚持政府引导和市场机制相结合，坚持自主创新和开放合作相促进。本书秉持新时期产业发展理念，挖掘农村污水治理产业链高质量发展的内生动力，不断完善我国农村污水治理发展方向和思路。通过调查和分析农村污水治理行业现状、市场情况，提出行业发展痛点、瓶颈和未来发展趋势，深入研究农村污水治理行业产业链上、中、下游分布情况，提出农村污水治理行业产业价值链和技术创新链的发展方向，并进一步梳理农村污水治理主流工艺技术，提炼出我国农村污水治理技术研发产业链部分优秀单位、核心配套工艺设备产业链部分优秀产品、主体治理设施外体装配产业链中不同材质结构产品、核心成套集成装备产业链优秀工艺技术典型案例，归纳总结出我国农村污水治理行业下一步发展的思路及建议。希望通过对农村污水治理的调查、分析研究、梳理、提炼和归纳总结，为我国未来几年农村污水治理产业链的高质量和可持续发展提供方向和实施路径。

为使本书成果能够对指导我国农村污水治理行业未来发展方向有所帮助，破解农村污水治理产业上的困局，中国三峡集团长江生态环保集团有限公司组织相关技术人员在市场调研和相关技术报告的基础上进行了总结提炼。本书在编制过程中得到了相关高校、科研单位、企业和行业专家的支持和帮助，在此一并表示感谢。

由于编者水平有限，在编写过程中难免存在疏漏和不足之处，恳请广大读者提出宝贵修改意见和建议。

本书编委会

2023 年 10 月

目 录

第 1 章　农村污水治理现状概述

1.1　农村污水治理行业政策

自 2005 年以来，我国愈发重视农村环境保护问题，并开始制定相应的政策推进农村环境保护。2009 年以来，国家发展改革委、环境保护部、住房和城乡建设部等多部门加快印发了有关农村污水处理的相关鼓励类、指导类、规范类政策文件，内容涉及农村污水处理的技术指南、技术规范以及农村污水处理项目建设与投资指南、规划目标等。

我国农村生活污水治理大事记如下：

（1）2009 年国务院印发《关于实行“以奖促治”加快解决突出的农村环境问题的实施方案》。

实施范围：“以奖促治”政策的实施，原则上以建制村为基本治理单元。优先治理淮河、海河、辽河、太湖、巢湖、滇池、松花江、三峡库区及其上游、南水北调水源地及沿线等水污染防治重点流域、区域，以及国家扶贫开发工作重点县范围内，群众反映强烈、环境问题突出的村庄。在重点整治的基础上，可逐步扩大治理范围。

整治内容：“以奖促治”政策重点支持农村饮用水水源地保护、生活污水和垃圾处理、畜禽养殖污染和历史遗留的农村工矿污染治理、农业面源污染和土壤污染防治等与村庄环境质量改善密切相关的整治措施。

成效要求：农村集中式饮用水水源地划定了水源保护区，在分散式饮用水水源地建设了截污设施，水质监测得到加强。依法取缔了保护区内的排污口，无污染事件发生。采取集中和分散相结合的方式，妥善处理了农村生活垃圾和生活污水，并确保治理设施长期稳定运行和达标排放。

（2）2009 年住房和城乡建设部发布分区域《农村生活污水处理技术指南》。

为推进农村生活污水治理，住建部组织编制了东北、华北、东南、中南、西南、西北六个地区的《农村生活污水处理技术指南》。该指南主要内容包括各地区农村生活污水特征与排放要求、排水系统、推荐的农村生活污水处理技术、不同情况下农村生活污水处理工艺选择、农村生活污水处理设施的管理、工程实例，并配有各种污水处理工艺技术的参数和示意图。

（3）2010 年环境保护部发布 HJ 574—2010《农村生活污染控制技术规范》。

该规范介绍了农村生活污水污染的源头控制、户用沼气池、低能耗分散式污水处理、集中污水处理、雨污水收集和排放几大技术。

（4）2011年国务院印发《国家环境保护“十二五”规划》。

该规划在提高农村环境保护工作水平方面提出了保障农村饮用水安全和提高农村生活污水和垃圾处理水平的工作要求：开展农村饮用水水源地调查评估，推进农村饮用水水源保护区或保护范围的划定工作。强化饮用水水源环境综合整治。建立和完善农村饮用水水源地环境监管体系，加大执法检查力度。开展环境保护宣传教育，提高农村居民水源保护意识，在有条件的地区推行城乡供水一体化。鼓励乡镇和规模较大村庄建设集中式污水处理设施，将城市周边村镇的污水纳入城市污水收集管网统一处理，居住分散的村庄要推进分散式、低成本、易维护的污水处理设施建设。

（5）2013年环境保护部发布《农村生活污水处理项目建设与投资指南》。

该指南为农村生活污水收集项目、集中处理项目与分散处理项目提供了建设与投资的参考依据。

（6）2014年国务院办公厅发布《关于改善农村人居环境的指导意见》。

该意见提出，应加快农村环境综合整治，重点治理农村垃圾和污水。推行县域农村垃圾和污水治理的统一规划、统一建设、统一管理，有条件的地方推进城镇垃圾污水处理设施和服务向农村延伸。离城镇较远且人口较多的村庄，可建设村级污水集中处理设施，人口较少的村庄可建设户用污水处理设施。大力开展生态清洁型小流域建设，整乡整村推进农村河道综合治理。建立村庄道路、供排水、垃圾和污水处理、沼气、河道等公用设施的长效管护制度，逐步实现城乡管理一体化。

（7）2014年环境保护部发布《农村环境质量综合评估技术指南（征求意见稿）》。

该文件提出，应充分考虑农村的特点，在总结分析大量工程实例的基础上提炼出农村生活污水处理工程技术方案，力求节省投资和运行费用，从具体技术工艺出发，运用工程造价计算方法，提出工程投资建设的具体指导。

（8）2016年环境保护部、农业部、住房和城乡建设部联合发布《培育发展农业面源污染治理、农村污水垃圾处理市场主体方案》。

该方案提出，农村污水垃圾收集处置，注重以整县或区域为单元整体推进，采取PPP模式实施建管一体，加强建设和运维，鼓励城乡统筹，推行互联网+环境治理模式等。

（9）2017年环境保护部、财政部联合发布《全国农村环境综合整治“十三五”规划》。

该规划提出，到2020年，新增完成环境综合整治的建制村达13万个。建立健全农村环保长效机制，整治过的7.8万个建制村的环境不断改善，确保已建农村环保设施长期稳定运行。努力做到全国农村饮用水水源地保护得到加强，农村生活污水和垃圾处理、畜禽养殖污染防治水平显著提高，人居环境明显改善，农村环境监管能力和农民群众环保意识明显增强。在农村污水治理方面提出：重点在村庄密度较高、人口较多的地区开展农村生活垃圾和污水污染整治。因地制宜选取农村生活垃圾和污水处理技术和模式，可根据实际情况选择将污水纳入城镇污水处理厂、新建集中或分散式污水处理设施处理等不同模式。经过整治的村庄生活污水处理率不低于60%。

（10）2018年中共中央办公厅和国务院办公厅发布《农村人居环境整治三年行动方案》。

该方案要点主要包括：梯次推进农村生活污水治理，因地制宜采用污染治理与资源利用相结合、工程措施与生态措施相结合、集中与分散相结合的建设模式和处理工艺。推动城镇污水管网向周边村庄延伸覆盖。积极推广低成本、低能耗、易维护、高效率的污水处理技术，鼓励采用生态处理工艺。加强生活污水源头减量和尾水回收利用。以房前屋后河塘沟渠为重点实施清淤疏浚，采取综合措施恢复水生态，逐步消除农村黑臭水体。将农村水环境治理纳入河长制、湖长制管理。开展厕所粪污治理。合理选择改厕模式，推进厕所革命。引导农村新建住房配套建设无害化卫生厕所，人口规模较大村庄配套建设公共厕所。加强改厕与农村生活污水治理的有效衔接。鼓励各地结合实际，将厕所粪污、畜禽养殖废弃物一并处理并资源化利用。

该方案还提出，规范推广政府与资本合作模式，通过特许经营的方式吸引社会资本参与农村垃圾污水处理项目。要求分类分级制定农村生活垃圾污水处理设施建设和运维技术指南，编制村容村貌提升技术导则，开展典型设计。各地区要区分排水方式、排放去向等，分类制定农村生活污水治理排放标准。

（11）2018 年生态环境部、住房和城乡建设部发布《关于加快制定地方农村生活污水排放标准的通知》。

该通知旨在指导推动各地加快制定农村生活污水处理排放标准，提升农村生活污水治理水平。提出农村生活污水处理排放标准的制定，要根据农村不同区位条件、村庄人口聚集程度、污水产生规模、污水排放去向和人居环境改善需求，按照分区分级、宽严相济、回用优先、注重实效、便于监管的原则，分类确定控制指标和排放限值。同时明确适用范围并分类确定控制指标和排放限值。

（12）2019 年住房和城乡建设部发布 GB/T 51347—2019《农村生活污水处理工程技术标准》。

该标准基本框架包括总则、术语、基本规定、设计水量和水质、污水收集、污水处理、施工验收、运行维护管理等内容。该标准建议以县级行政区域为单位实行统一规划、统一建设、统一运行和统一管理。

（13）2020 年中央农办、农业农村部、生态环境部、住房和城乡建设部、水利部等 9 部门发布《关于推进农村生活污水治理的指导意见》。

该意见明确了扎实推进农村生活污水治理 8 个方面的重点任务：全面摸清现状、科学编制行动方案、合理选择技术模式、促进生产生活用水循环利用、加快标准制修订、完善建设和管护机制、统筹推进农村厕所革命、推进农村黑臭水体治理。

（14）2021 年 T/CCPITCUDC—001—2021《小型生活污水处理设备标准》、T/CCPIT-CUDC—002—2021《小型生活污水处理设备评估认证规则》和 T/CCPITCUDC—003—2021《村庄生活污水处理设施运行维护技术规程》三项团体标准正式发布实施。

《小型生活污水处理设备标准》在总结我国农村污水处理设备的现状及借鉴国外先进经验的基础上编制，内容包括小型生活污水处理设备的信息登记、设计、制造、运输和安装等标准化信息，适合于预制化、一体化分散型生活污水处理设备，是供相关企业设计与制造参考以及农村用户和管理部门使用的农村生活污水治理指导性技术文件。

《小型生活污水处理设备评估认证规则》在系统总结欧美发达国家以及日本、韩国小型污水处理设备评估体系经验的基础上，综合考虑我国不同地域的气候、地理及经济条件等因素，构建适合我国国情的标准化评估流程。通过在标准进水及变化条件下考察设备对多类污染物的去除效率，进行单元工艺与组合工艺、平台标准评估与现场评估等多元化的性能认证，评估污水处理设备的污染物削减能力，并保证认证过程的公正性与评估结果的公平性。

《村庄生活污水处理设施运行维护技术规程》在总结生活污水处理设施运维标准化的主要内容的基础上，重点阐述了设施（收集系统、处理设施）运维、设施巡检、远程运维平台、安全与应急运行维护等主要内容。在充分调研总结国内外农村生活污水处理设施运行管理经验的基础上，提出污水收集系统、单户及联户小型一体化设施以及村庄集中处理收集系统的标准化运维参数。该标准适用于行政村、自然村、分散农户已建生活污水处理工程和分户厕所污水处理工程的专业化运行维护。

（15）2021 年 12 月中共中央办公厅、国务院办公厅印发《农村人居环境整治提升五年行动方案（2021—2025 年）》。

该方案指出，须加快推进农村生活污水治理。农村污水治理分区分类推进，优先治理京津冀、长江经济带、粤港澳大湾区、黄河流域及水质需改善控制单元等区域，重点整治水源保护区和城乡接合部、乡镇政府驻地、中心村、旅游风景区等人口居住集中区域农村生活污水。开展平原、山地、丘陵、缺水、高寒和生态环境敏感等典型地区农村生活污水治理试点，以资源化利用、可持续治理为导向，选择符合农村实际的生活污水治理技术，优先推广运行费用低、管护简便的治理技术，鼓励居住分散地区探索采用人工湿地、土壤渗滤等生态处理技术，积极推进农村生活污水资源化利用。

同时须加强农村黑臭水体治理。摸清全国农村黑臭水体底数，建立治理台账，明确治理优先序。开展农村黑臭水体治理试点，以房前屋后河塘沟渠和群众反映强烈的黑臭水体为重点，采取控源截污、清淤疏浚、生态修复、水体净化等措施综合治理，基本消除较大面积黑臭水体，形成一批可复制、可推广的治理模式。鼓励河长制、湖长制体系向村级延伸，建立健全促进水质改善的长效运行维护机制。

（16）2022 年 1 月，生态环境部、农业农村部、住房和城乡建设部、水利部、国家乡村振兴局联合发布《农业农村污染治理攻坚战行动方案（2021—2025 年）》

该方案指出，到 2025 年底，农村环境整治水平显著提升，农业面源污染得到初步管控，农村生态环境持续改善。新增完成 8 万个行政村环境整治，农村生活污水治理率达到 40%。分区分类治理农村生活污水，推动县域农村生活污水治理统筹规划、建设和运行。结合村庄规划，重点治理人口居住集中区域农村生活污水。按照典型地区，分类完善治理模式，科学合理建设农村生活污水收集和处理设施。做好户用污水收集系统和公共污水收集系统的配套衔接，合理选择排水体制和收集系统建设方式。优先推广运行费用低、管护简便的污水治理技术，鼓励居住分散地区采用生态处理技术。督促各地完成现有农村生活污水收集处理设施运行情况排查，对非正常运行的设施制定改造方案，有序完成整改，提高设施正常运行率。到 2025 年，东部地区、中西部城市近郊区等有基础、有条件的地区，农村生活污水治理率达到 55% 左右；中西部有较好基础、基本具备条件的地区，农村生活污水治理率达到 25% 左右；地处偏远、经济欠发达地区，农村生活污水治理水平有新提升。

1.2　农村污水治理的相关标准

1.2.1　国家相关标准

（1）GB/T 51347—2019《农村生活污水处理工程技术标准》。
（2）GB/T 37071—2018《农村生活污水处理导则》。
（3）GB/T 40201—2021《农村生活污水处理设施运行效果评价技术要求》。
（4）JB/T 14095—2020《农村生活污水净化装置》。

1.2.2　团体相关标准

（1）T/CCPITCUDC—001—2021《小型生活污水处理设备标准》。
（2）T/CCPITCUDC—002—2021《小型生活污水处理设备评估认证规则》。
（3）T/CCPITCUDC—003—2021《村庄生活污水处理设施运行维护技术规程》。

1.2.3　地方相关标准

（1）DB 11/1612—2019《农村生活污水处理设施水污染物排放标准》（北京市）。
（2）DB 31/1163—2019《农村生活污水处理设施水污染物排放标准》（上海市）。
（3）DB 44/2208—2019《农村生活污水处理排放标准》（广东省）。
（4）DB 32/T 3462—2020《农村生活污水处理设施水污染物排放标准》（江苏省）。
（5）DB 43/1665—2019《农村生活污水处理设施水污染物排放标准》（湖南省）。
（6）DB 42/1537—2019《农村生活污水处理设施水污染物排放标准》（湖北省）。
（7）DB 37/3693—2019《农村生活污水处理设施水污染物排放标准》（山东省）。
（8）DB 14/726—2019《农村生活污水处理设施水污染物排放标准》（山西省）。
（9）DB 41/1820—2019《农村生活污水处理设施水污染物排放标准》（河南省）。
（10）DB 13/2171—2020《农村生活污水处理设施水污染物排放标准》（河北省）。
（11）DB 12/889—2019《农村生活污水处理设施水污染物排放标准》（天津市）。
（12）DB 33/973—2021《农村生活污水处理设施水污染物排放标准》（浙江省）。
（13）DB 34/3527—2019《农村生活污水处理设施水污染物排放标准》（安徽省）。
（14）DB 35/1869—2019《农村生活污水处理设施水污染物排放标准》（福建省）。
（15）DB 36/1102—2019《农村生活污水处理设施水污染物排放标准》（江西省）。
（16）DB 45/2413—2021《农村生活污水处理设施水污染物排放标准》（广西壮族自治区）。
（17）DB 21/3176—2019《农村生活污水处理设施水污染物排放标准》（辽宁省）。
（18）DB 22/3094—2020《农村生活污水处理设施水污染物排放标准》（吉林省）。
（19）DB 23/2456—2019《农村生活污水处理设施水污染物排放标准》（黑龙江省）。
（20）DB 46/483—2019《农村生活污水处理设施水污染物排放标准》（海南省）。
（21）DB 50/848—2021《农村生活污水集中处理设施水污染物排放标准》（重庆市）。
（22）DB 51/2626—2019《农村生活污水处理设施水污染物排放标准》（四川省）。

（23）DB 52/1424—2019《农村生活污水处理设施水污染物排放标准》（贵州省）。

（24）DB 53/T 953—2019《农村生活污水处理设施水污染物排放标准》（云南省）。

（25）DB 61/1227—2018《农村生活污水处理设施水污染物排放标准》（陕西省）。

（26）DB 62/4014—2019《农村生活污水处理设施水污染物排放标准》（甘肃省）。

（27）DB 63/T 1777—2020《农村生活污水处理排放标准》（青海省）。

（28）DB 64/700—2020《农村生活污水处理设施水污染物排放标准》（宁夏回族自治区）。

（29）DB 65 4275—2019《农村生活污水处理排放标准》（新疆维吾尔自治区）。

（30）DB HJ/001—2020《农村生活污水处理设施污染物排放标准（试行）》（内蒙古自治区）。

（31）DB 54/T 0182—2019《农村生活污水处理设施水污染物排放标准》（西藏自治区）。

1.2.4 长江沿线省市农村污水排放标准分析

由于我国没有统一的农村生活污水处理设施水污染物排放标准，生态环境部和农业农村部联合发布《农村生活污水处理设施水污染物排放控制规范编制工作指南（试行）》，用于指导各省市制修订相关排放标准，各省市农村生活污水处理设施水污染物排放限值的设置以该指南为依据，综合考虑农村区位条件、村庄人口聚集程度、污水规模及排放去向、人居环境改善需求和现有经济技术水平等因素，结合调研阶段的实际情况，分级分类、因地制宜确定排放限值。排放标准应遵循宽严相济、注重实效的原则。该指南建议将pH值、悬浮物、化学需氧量设为基本控制指标，氨氮、总氮、总磷、动植物油、大肠杆菌等设置为选择性控制指标，依据受纳水体级别、是否为封闭水体等确定控制指标的种类和限值。另外，处理规模较小的设施由于建设运营成本高、管理难度大，可适当降低要求。

目前，长江沿线11个省市（贵州、四川、云南、重庆、湖北、湖南、江西、安徽、江苏、浙江、上海）均已发布农村污水排放标准或者征求意见稿，通过将已经发布的11个省份农村污水排放标准（一级/一级A）与GB 18918标准对比分析，总体来看，大部分省市采用的农村污水处理设施排放标准等于或稍低于GB 18918一级B标准，详细分析如下：

化学需氧量（COD_{Cr}）指标方面，9省市的农村污水处理设施排放标准大多数采用与GB 18918一级B标准相同的60 mg/L标准。仅安徽和上海采用与GB 18918一级A标准相同的50 mg/L标准，见图1-1。

悬浮物（SS）指标方面，10省市采用与GB 18918一级B标准相同的20 mg/L标准，仅上海采用和GB 18918一级A标准相同的10 mg/L标准，见图1-2。

氨氮（NH_3-N）指标方面，11省市均采用与GB 18918一级B标准相同的8 mg/L标准，见图1-3。

总氮（TN）指标方面，10省市采用与GB 18918一级B标准相同的20 mg/L标准，仅上海采用与GB 18918一级A标准相同的15 mg/L标准，见图1-4。

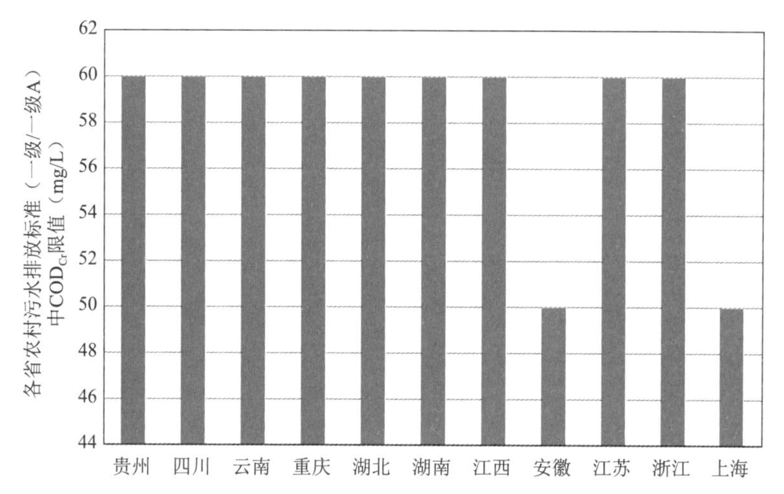

图 1－1　长江沿线 11 个省市农村污水排放标准中化学需氧量（COD_{Cr}）限值对比图

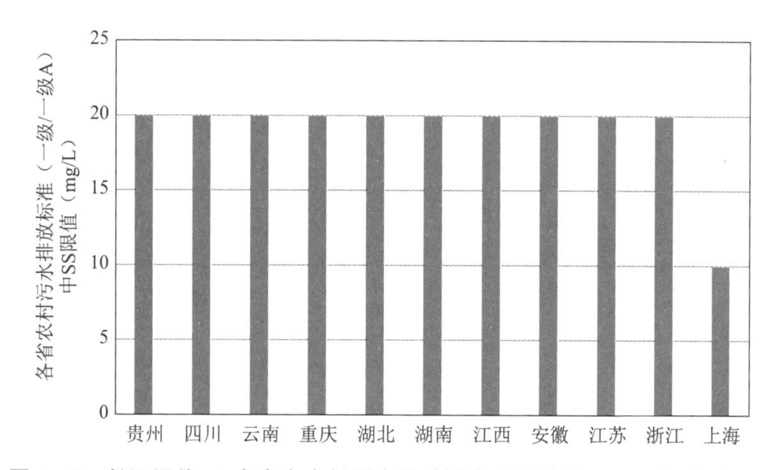

图 1－2　长江沿线 11 个省市农村污水排放标准中悬浮物（SS）限值对比图

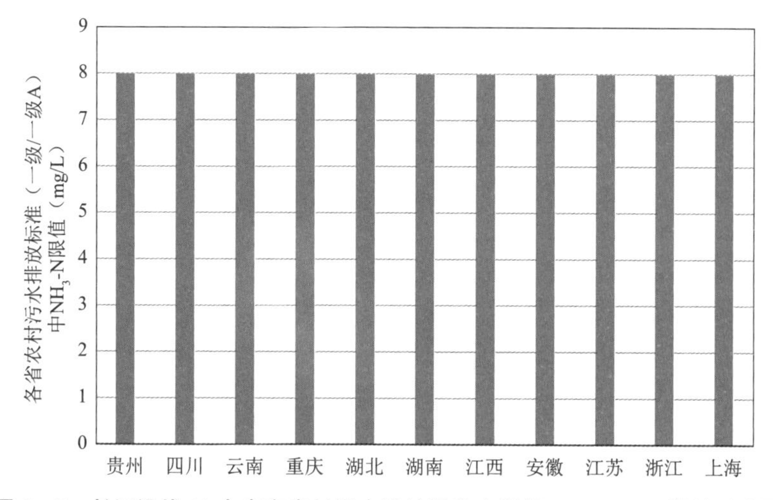

图 1－3　长江沿线 11 个省市农村污水排放标准中氨氮（NH_3－N）限值对比图

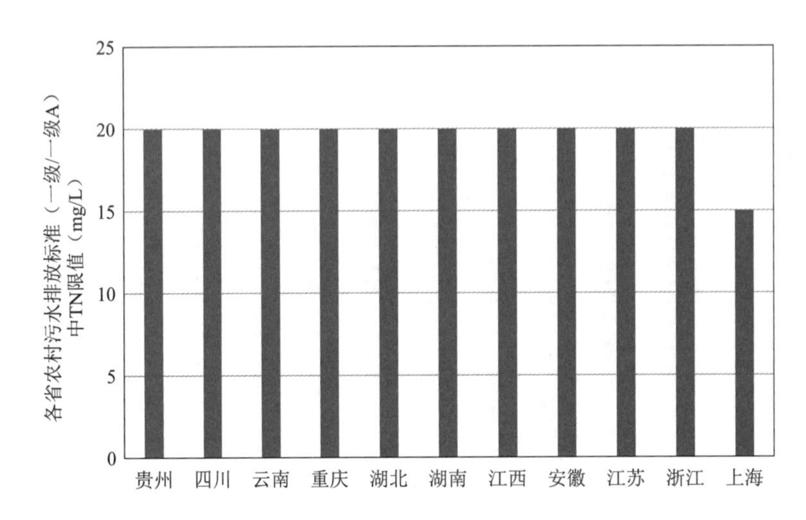

图 1-4　长江沿线 11 个省市农村污水排放标准中总氮（TN）限值对比图

总磷（TP）指标方面，7 省市采用与 GB 18918 一级 B 标准相同的 1 mg/L 标准，其余省市较为宽松，四川采用 1.5 mg/L 标准，贵州、重庆和浙江采用 2.0 mg/L 标准，见图 1-5。

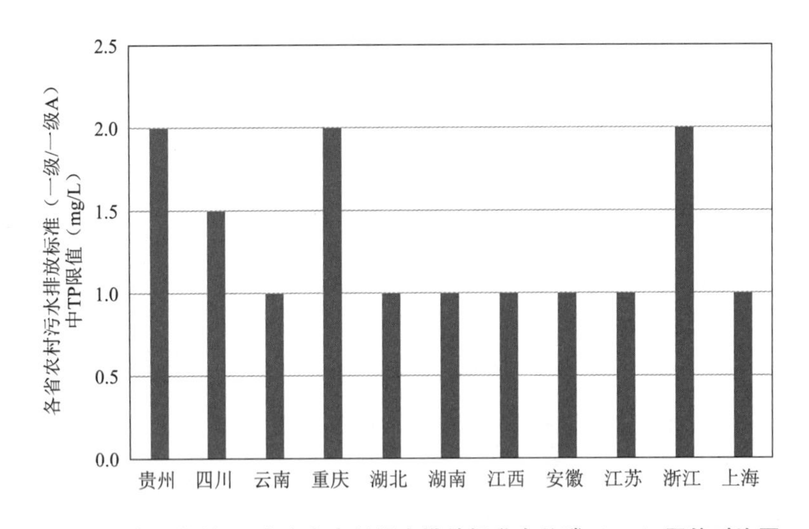

图 1-5　长江沿线 11 个省市农村污水排放标准中总磷（TP）限值对比图

动植物油指标方面，10 省市采用与 GB 18918 二级标准相同的 3 mg/L 标准，仅上海采用与 GB 18918 一级 B 标准相同的 1.0 mg/L 标准，见图 1-6。

其他指标方面，上海对阴离子表面活性剂指标有要求，采用与 GB 18918 一级 A 标准相同的 0.5 mg/L 标准；安徽对于粪大肠菌群数指标有要求，采用与 GB18 918 一级 B 标准相同的 10 000 MPN/L 标准；其他省市无相关要求，见图 1-7、图 1-8。

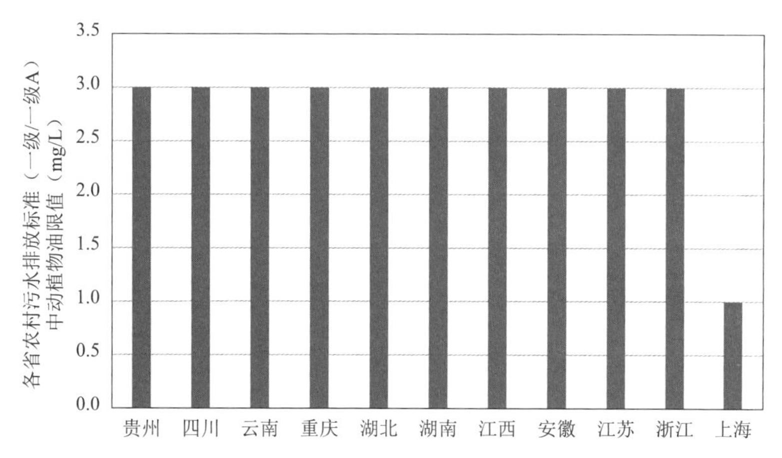

图 1-6　长江沿线 11 个省市农村污水排放标准中动植物油限值对比图

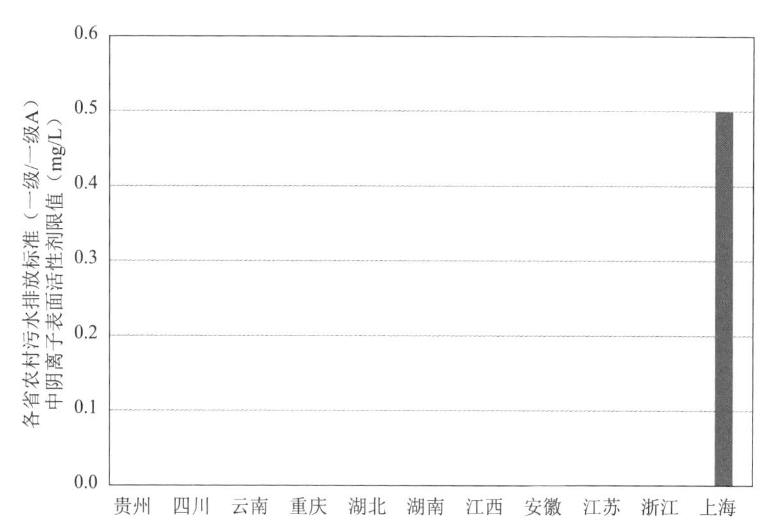

图 1-7　长江沿线 11 个省市农村污水排放标准中阴离子表面活性剂限值对比图

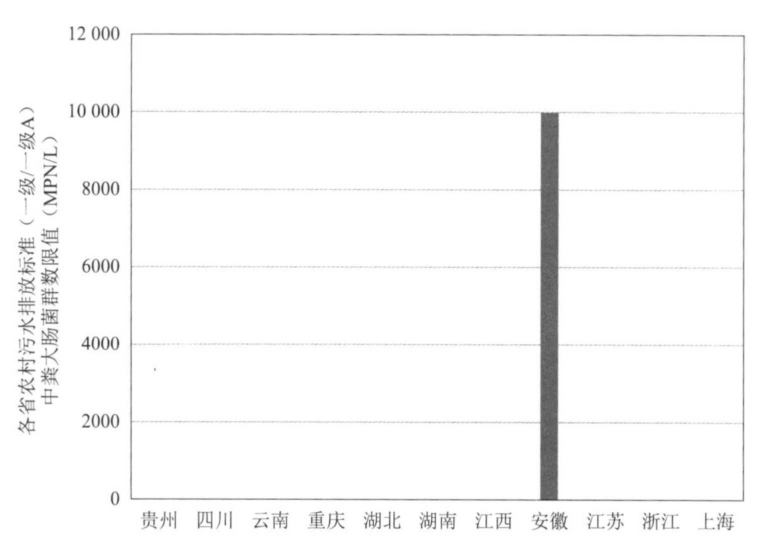

图 1-8　长江沿线 11 个省市农村污水排放标准中粪大肠菌群数限值对比图

第 2 章　农村污水治理行业市场分析

我国农村污水治理已经过十多年发展，2005—2008 年为我国农村污水治理的萌芽阶段，该阶段国家开始重视农村环境保护问题，并期望通过政策的制定引导产业的发展，国务院、建设部、环境保护部重点出台了 5 项政策措施。

2008—2015 年为我国农村污水治理的初步发展阶段，该阶段注重政策探讨、资金配套和示范建设，主要表现为 21 个省、直辖市及自治区的“全国农村环境连片整治示范”及相关政策配套。

2015 年之后为快速发展阶段，该阶段的特点为政策及机制不断完善、大力推进国内农村污水处理设施建设。2018 年，生态环境部会同农业农村部联合印发了农业农村污染治理攻坚战行动计划，提出到 2020 年，实现“一保两治三减四提升”。“一保”就是保护农村饮用水水源，这是最基本的民生。“两治”就是治理农村生活垃圾和污水。“三减”就是减少化肥、农药使用量和农业的用水总量。“四提升”就是提升主要由农业面源污染造成的超标水体的水质、农业废弃物综合利用率、环境监管能力和农村居民参与度。

2021 年 8 月 18 日，国务院新闻办公室就“建设人与自然和谐共生的美丽中国”举行发布会。根据“十三五”规划要求，到 2020 年，新增完成环境整治的建制村达 13 万个；到 2020 年，30% 的村镇人口将得到比较完善的公共排水服务；到 2020 年底，实现城镇污水处理设施全覆盖，县城不低于 85%，建制镇达到 70%；到 2035 年，我国农村污水处理率将达到 70%；到 2040 年，90% 的村镇建立完善的排水和污水处理的设施与服务体系。

根据生态环境部的统计，“十三五”期间，15 万个行政村完成了农村环境的综合整治，超额完成“十三五”目标，但农村生活污水治理率仅达到 25.5%。2022 年，生态环境部联合农业农村部、国家乡村振兴局等 5 部门联合印发《农业农村污染治理攻坚战行动方案（2021—2025 年）》，该行动方案目标中要求：到 2025 年，新增完成 8 万个行政村环境整治，农村生活污水治理率达到 40%。可见我国农村生活污水治理的缺口仍很大，据有关专家分析称，农村污水处理设施的整体市场空间约为 3000 亿元，到 2035 年我国农村市场规模约 2000 亿元，其中 1/3 分布于千吨级规模的集中式污水处理市场，2/3 分布于百吨级规模的分散式污水处理市场。由此可见，未来我国农村污水处理市场空间潜力巨大。

目前，我国农村污水处理行业参与者较多，但是市场主要参与者类型与城镇污水处理略有不同。农村污水处理主要参与者大多为国有企业和民营企业，城镇污水处理参与者除了这两大类企业外，国际水务巨头在市场中也占据着重要地位。

国际水务巨头在我国农村污水处理项目中优势不明显的主要原因是我国农村污水处理以分散型为主，单个项目工程较小，而这些国际水务巨头仅在大型污水处理项目中具有较大的优势。在全国农村污水处理类项目总规模排名前十的企业榜单上也并未看到这些国际水务巨头的身影。

根据农村污水处理总规模可将农村污水处理企业划分为三个梯队，第一梯队为农村污水处理总规模在 80 万 m^3/d 的企业，代表性企业有碧水源、商达环保。第二梯队为农村污水处理总规模在 18 万~80 万 m^3/d 的企业，代表性企业有正清环保、爱迪曼、金达莱、深港环保、中车环境等。第三梯队为农村污水处理总规模小于 18 万 m^3/d 的企业，代表性企业有泓济环保、华航环境、蓝神环保、鹏凯环境等。目前，我国农村污水处理领先企业大多集中在北京、浙江、广东、山东、湖南、福建等地，其中北京有碧水源、中车环境和华航环境等领先企业；浙江有商达环保、正清环保、爱迪曼等领先企业。

农村污水治理不仅关系到农村居民的饮水安全和身体健康，还关系着农村生态环境的建设，以及我国乡村振兴战略的实施，目前农村污水处理设施市场存在较大缺口，替代品威胁较小。

在现有竞争者方面，目前农村污水治理行业现有竞争者数量较多，市场集中度较低，整体竞争较为激烈。此外，因农村污水治理行业属于资本密集型行业，技术、人才壁垒也较高，主要潜在进入者为水务企业通过兼并收购、组建合资公司、入股等方式进入市场，潜在进入者威胁一般。

第 3 章 农村污水治理行业痛点及瓶颈

3.1 农村污水处理覆盖率低且分布不均

我国近年来大力推进美丽乡村建设和新农村建设，积极开展农村环境连片整治活动。但我国大部分农村地区地形复杂，排放源分散，管网建设覆盖面积大，前期投资成本高，施工难度大、周期长，大部分行政村不具备统一铺设管网和进行集中处理的条件，生活用水尤其是灰水部分直接通过接管或沟渠排放，造成农村地表污水乱排，周围蚊蝇大量滋生，严重影响居民生活环境及身体健康。相比于城镇污水，我国农村污水的收集率和处理率普遍偏低，各省农村污水处理设施覆盖率不均衡，与国家水污染防治整体布局以及地方资金投入力度有明显的相关性。

3.2 农村污水水质水量波动大

农村污水处理设施往往设置在村镇的人口聚居区附近，由于单个污水处理设施服务的人口少，因此其污水收集量往往不稳定。农村生活用水量高峰期明显，昼夜变化大，污水呈现间断排放现象，甚至会出现无水收集的时段，污水排放变化系数远远大于城镇污水排放系数。在节假日、返乡高峰期，农村污水排放量骤增。旅游村在旅游旺季也会呈现污水排放量大的现象。

同时，由于单个农村污水处理设施处理的污水量较小，因此其进水水质水量波动范围较大。在农村污水中，养殖废水因氨氮含量高，处理难度最大。在日均污水量较低的农村污水处理站，养殖场的一次清洗即可使污水中氨氮浓度大幅提高，对污水处理站点系统造成重大冲击；另外，在利用现有沟渠作为收集系统时若没有做好密闭措施，在雨天混入大量的雨水，使得农村生活污水在雨天 COD_{Cr} 很低，也不符合设计进水水质。

3.3 污水处理工艺不适合农村现状

农村地域广阔，区域生态条件各不相同，经济社会条件、人口因素、风俗习惯存在较大差异。我国多地农村采用的污水处理工艺，多有工艺选取不合理的问题，产泥量较大，设备运行 2~3 年就产生堵塞。合理的污水处理工艺选择是农村污水处理最为核心的要素，选择不同处理工艺，污水处理的基建成本、处理效果以及后期的运维管理的复杂程度会有很大差异。我国各地农村地域差异大，排放要求大不相同。农村污水以生活污水为主，处理难度不大，处理工艺需因地制宜。应充分考虑当地实际情况，采取安全可靠、处理效果好、低耗节能、运维管理简便、能达标排放的污水处理工艺。

3.4　重投资建设，轻运营管理

农村污水处理设施的建设是中央及地方各级财政资金重点投入领域，污水处理设施建设完成后一般都由当地乡镇管理，运营费用多数由当地财政支付，而农村地区污水处理收费机制的缺失使得污水处理设施的运营经费普遍比较紧张。而且，相较于对城镇污水处理厂的监管，行业管理部门对于农村地区污水处理设施运行的监管力度较弱，监管政策也有待完善。

农村生活污水处理设施较为分散，一名专业的设备运维人员一天最多排查 10 个站点，因此单纯依靠人工巡检很难发现全部问题，且相关专业运维管理人才极为稀缺。为提高运营管理效率，部分农村污水项目已经在一体化污水处理设备中集成了智能监控软件，以期起到智慧管控和辅助运维的功效，但大多数智慧水务平台仅仅是展示功能，在实际应用中难以低成本高效益辅助提升设施运维管理效率。

3.5　农村污水处理收费机制尚未建立或不健全

目前，我国城镇地区已经基本建立了全面的污水处理收费制度，我国颁布的污水处理费政策文件基本上都是针对城镇的污水处理费征收管理而制定的。而对于农村地区的污水处理费收取，国家还未出台相关的政策文件，目前仅有少数省份制定了农村污水处理费征收机制，但也并未覆盖该省的全部农村区域，而且实际执行效果也有待进一步验证。大部分农村地区不具备向使用者收取污水处理费的条件，甚至供水也依赖于财政补贴，导致农村污水处理设施建设时融资难，建成后运营难，农村污水治理行业缺乏成熟可持续的盈利模式。

第 4 章　农村污水治理行业发展趋势

4.1　农村污水治理未来的发展方向

结合我国农村污水治理的现状可以得出，未来农村污水治理发展方向主要为：一是成本低。对已建成的污水处理项目采取第三方运营的专业化运营模式，发挥专业环境服务商的优势，从而降低成本；在进行污水处理基础设施建设的时候，要根据项目实际需求优先选择建设周期短、运行费用低的污水处理工艺进行建设。二是技术优。在农村污水处理项目建设时最好采用成熟可靠、稳定性好的处理工艺，有利于适应较大的水量和水质变化，污泥产量少，同时还要兼顾环境好、低能耗、易操作的原则。三是管理易。未来农村污水处理技术发展方向要符合自动化程度高、管理简单、维护量低、运行成本低等条件，并且项目运维方要积极学习和运用互联网思维，采用新型管理模式进行农村污水处理技术的管理。

此外，农村污水治理还应采取多种建设模式，力求“生物+生态”有机融合以及农村改厕与生活污水处理的有效衔接。

我国农村地区的特点是面广、分散，同时各省市地形地貌各不相同，复杂程度高。因此，未来我国农村污水处理将会更加重视因地制宜。对于规模较大、人口较集中的村庄，将会采用村集中处理；对于靠近城镇且有条件接入城镇污水管网的村庄，将会纳入城镇生活污水处理系统；而对于人口较分散的村庄，将会采用分散处理模式。未来，农村污水处理将会采取集中式污水处理、纳入城镇污水处理系统、分散式污水处理等多种模式。

农村污水主要为生活污水和农产品加工废水的混合体，基本上不含重金属和有毒有害物质，含有一定量的氮和磷，可生化较好。因此，未来农村污水处理将会更加注重生态方法，如采用厌氧沼气池处理技术、稳定塘处理技术、人工湿地处理技术、土壤渗滤处理技术、农田退水减排技术、生物膜法污水处理技术等“生物+生态”相结合的污水处理综合技术。

衔接农村改厕与生活污水治理能够有效减少农村生活污染排放，提高水资源利用率和粪污资源化利用率。《农村人居环境整治三年行动方案》《关于加快农房和村庄建设现代化的指导意见》等多项政策也均提到，要推进农村改厕与农村污水处理有效衔接，引导农村新建住房配套建设无害化卫生厕所，人口规模较大的村庄配套建设公共厕所。鼓励各地结合实际，将厕所粪污、畜禽养殖废弃物一并处理并资源化利用。因此，未来农村污水处理将会重视与农村改厕有效衔接。

4.2　农村污水治理相关标准发展趋势

从农村污水处理设施方面来看，一体化设施已经成为农村污水治理主流设备，《产业基础创新发展目录（2021 年版）》《环保装备制造业高质量发展行动计划（2022—2025 年）》等文件的出台推动了产业的发展。体系庞大、非标属性强、兼具通用性是我国农村污水处理设施目前的主要特点。但我国农村污水处理设施也存在诸多问题。如在应用方面，由于我国农村污水治理行业重投入、轻运管、缺维护，导致污水处理设施分散、水质水量差异化明显、管理水平有待提高。在标准方面，由于多部门领导，标准管理混乱，标准主要内容相似，重复度高。但随着 2018 年《关于加快制定地方农村生活污水处理排放标准的通知》的印发，目前各省市地方排放标准一一出台，农村生活污水处理技术、装置、运维管理等相关标准也逐渐完善。在技术研发方面，我国农村污水处理设施专利核心质量有待提升，目前我国农村污水治理相关方面的专利数量明显不足。

基于上述问题，从以下三个方面整体搭建农村污水处理设施标准化体系结构，可有效促进农村污水处理设施的发展。

（1）从科技角度，以研发适应农村生活污水特性的技术为主要方向，比如通过 A/A/O 工艺改良等手段，实现农村污水处理减污降碳协同等。同时搭建农村生活污水处理成果转化平台，集聚国内外最先进的农村生活污水处理科技创新源，探索建立技术创新、科技成果转化和市场化共享等相关机制。

（2）从制造角度，力争生产具有稳定性、适应性、易于管理的农村污水处理设备，可以借鉴日本净化槽、活性污泥等装备标准，建立我国农村生活污水处理标准创新平台，建立完善的水处理技术及标准化创新体系，建立水处理、水再生技术与装备分类专利库等。同时还可以从标准角度，探索低成本、智能化、低维护的农村污水运维管理模式，建立农村污水处理装备制造标准化示范基地，研创核心装备智能制造标准化生产线和数字化控制生产车间，建成高端生产型装备研究中心和示范工厂。

（3）从标准角度，探索低成本、低能耗、易维护、高效率、智能化的农村污水治理一体化管理模式，建立农村污水处理装备制造标准化示范，研创核心装备智能制造标准化生产线，创建数字化智造车间，建成高端生产型装备研究中心和示范工厂。

建议加强装备标准化制造与创新公共平台建设，从装备产业创新前沿研究、装备标准化企业服务、装备创新基础资源、装备技术创新研究几方面入手，通过搭建装备制造规范、产品标准和工程规范研制—验证—试用—修订全过程研究平台体系，装备模块化设计—标准化制造—数字化智控研究平台体系，新装备全程跟踪验证比较研究平台体系，以及装备生产性试验—运行—性能检测评价研究平台体系等，实现科技和产业的协同创新。建议实施基于全生命周期的装备制造与管理标准化创新，从装备关键技术标准化走向装备智造、智慧运维标准化，打造美丽乡村—乡村振兴—装备智造—智慧乡村新业态。

第5章　农村污水治理产业链整体分析

5.1　农村污水治理产业链分布

农村污水治理产业链，从环保行业本身看，可以大致划分为上游环保产品研发生产、中游环保工程建设安装，以及下游环保设施运营维护。

在农村污水环保产业链上游，即环保产品研发、设计和制造业产业，研发单位主要是高校、科研机构、企业实验室以及规划设计企业等。环保制造业以中小规模经济单位为主。目前环保产品的性质、结构、功能等方面的差异不大，是一个竞争较激烈的市场，企业之间围绕价格、产品和服务质量展开竞争。

在农村污水环保产业链中游，即环保设施建设阶段，主要实施形式为项目或工程分包，相关第三方服务机构参与其中。

在农村污水环保产业链下游，即环保设施运营阶段，用户以公共机构和业主方为主，是一个兼具买方和卖方垄断势力的市场，即买卖双方都有向对方施压的筹码。对下游卖方而言，企业核心竞争力的关键在于其整合能力，既包括对上游供给商的整合，也包括对产品、项目、市场、资金以及技术等各要素的整合。农村污水处理工程运营阶段包含了设施设备的运行、监督、维护以及其他相关管理性质的工作，如污水处理设施的服务外包、多种形式的委托经营、居民水费的收取等，而目前这些服务类企业数量逐渐增加，且服务水平差异化小，同质化程度较高，农村污水处理企业对下游议价能力较强。

5.2　农村污水治理产业价值链

根据农村污水环保产业价值链，目前环保产业的增值主要表现在创新研发和关键设备及相关使用剂的制造方面。在工程安装方面，环保企业基本是免费服务，后续的维护等服务基本也是免费，只有某些零部件更换需要些许费用，创造的价值很少。如果企业属于工程运营类，如污水处理厂运营，那么后续的收益是比较稳定的。

总体来看，目前国内环保企业的盈利模式比较简单，主要通过销售产品和环保基础设施的运营获取利润。

未来农村污水环保产业价值链在污水处理技术升级和水环境监测方面具有较大利

润，在农村污水的尾水资源化利用方面有广阔的市场和利润空间。农村污水环保产业价值链发展趋势见图 5-1。

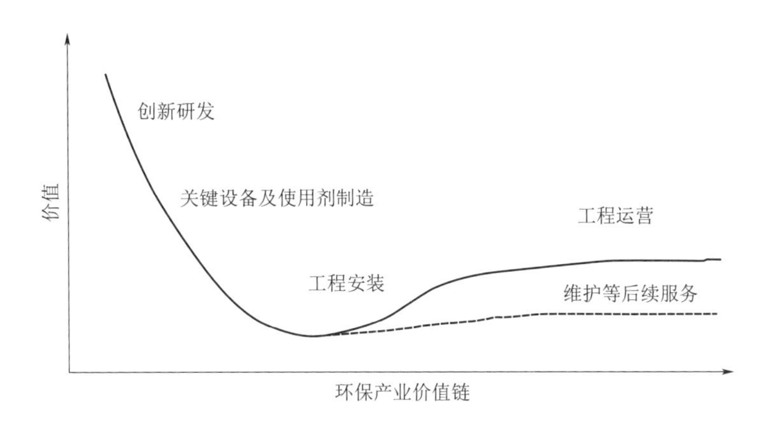

图 5-1　农村污水环保产业价值链发展趋势

5.3　农村污水治理产业技术创新链

从产品角度看，环保产业的创新链是从创意到产品推向市场的过程，是满足以市场为导向，将创新活动连接起来，实现产品研发、设计、检验、生产、推向市场的整个系统流程，把知识、技术转变为利润的过程。

从创新主体的角度看，技术创新链是指围绕某一个技术创新的核心主体，以满足市场需求为导向，通过知识创新活动将相关的技术创新参与主体连接起来，以实现知识的经济化过程与技术创新系统优化目标的功能链环节结构模式，是描述一项科技成果从产生创意到商业化生产及销售全过程的链状结构，主要揭示知识、技术在整个过程中的流动、转化和增值效应，也反映各创新主体在整个过程中的衔接、合作和价值传递关系。

目前，国内环保产业技术创新链与产业链的融合一般发生在产品成型正式投产前阶段，即产品试验（中试）至产品成型前，因为产品中试的成功是产品向市场推广的开始。从价值链的角度，研发阶段产生的价值量是最大的，研发成功后获得的关键技术与产品价值科技含量也是最高的。当然，研发阶段的投入和风险也非常大，这促成了企业在研发阶段就介入的普遍现象，使得产业链、创新链和价值链从发端便开始融合。目前在农村污水处理技术产品上一些企业已经形成或正在形成从发端就开始的产业链、创新链、价值链的融合。另外，还有一些企业则是从市场化产品开始进行融合。

未来将着重加强农村污水处理技术产品在研发上全面融入产业价值链和创新链思维，促进农村污水环保企业技术创新能力及核心技术工艺能力的提升。农村污水环保产业技术创新链全过程示意图见图 5-2。本书第 6 章和第 7 章将围绕产业价值链和创新链方面的核心主流工艺技术和产业链结构进行分析。

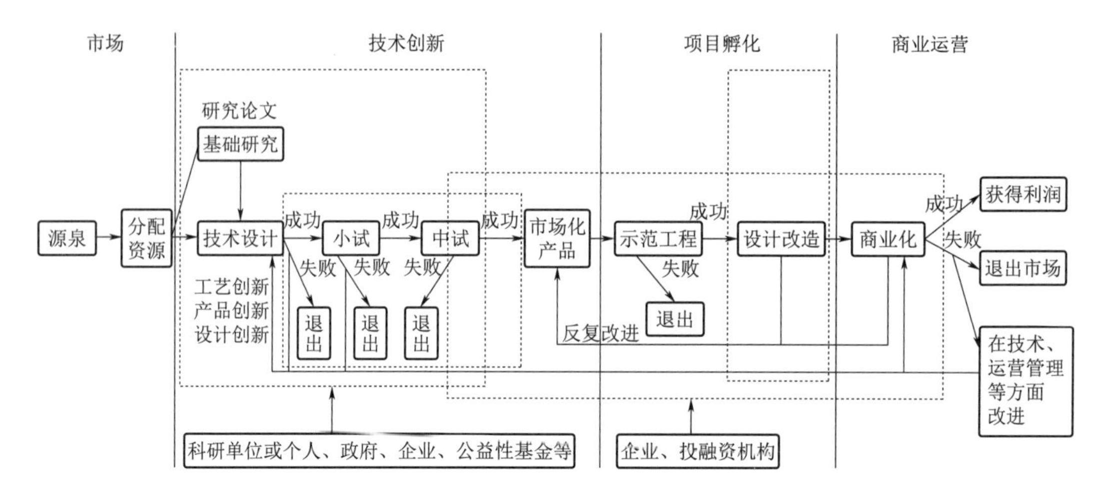

图 5-2　农村污水环保产业技术创新链全过程示意图

第 6 章　农村污水治理行业主流工艺技术分析

6.1　农村污水处理主流工艺技术介绍

农村生活污水处理基本工艺按处理单元组成来划分，一般可分为预处理、生物处理和生态（深度）处理三个阶段。

预处理，即第一阶段，主要是通过格栅、初沉池、隔油池等去除污水中呈悬浮状态的污染物质，如拦渣、沉砂、隔油等。经该阶段处理后的污水达不到排放标准，仍需进一步处理。

生物处理，即第二阶段，主要去除污水中呈胶体和溶解状态的有机污染物质。农村生活污水中的 BOD_5/COD_{Cr} 一般为 0.4～0.5，可生化性较好，一般采用生物处理方法，如活性污泥法、生物接触氧化法、净化沼气池法等，可有效去除污水中的悬浮物、有机物和氨氮，使污水中有机污染物达到一定的排放标准，处理成本和综合效益相对物理法（如膜分离法）、化学法（如高级氧化法）、物化法（如混凝沉淀法）较低。

生态（深度）处理，即第三阶段，主要是在生物处理的基础上对污水进行进一步处理，以去除残余有机物、氮、磷等污染物，满足高标准受纳水体要求或回用要求。常用方法主要是自然净化处理，如人工湿地处理、稳定塘处理、生态滤床处理等。

农村生活污水处理不同阶段常用工艺及处理效果见表 6–1。

表 6–1　农村生活污水处理不同阶段常用工艺及处理效果

工艺和效果	第一阶段	第二阶段	第三阶段
常用工艺	格栅、初沉池、隔油池等	活性污泥法、生物接触氧化法、净化沼气池法等	人工湿地处理、稳定塘处理、生态滤床处理等
处理效果	去除悬浮物和部分 BOD	有效去除污水中的悬浮物、有机物和氨氮	去除残余有机物、氮、磷等污染物，满足高标准受纳水体要求或回用要求

6.2　农村污水处理主流工艺技术优缺点分析

每一种单一的处理工艺各有其优缺点，如沼气池对悬浮物、氨氮和磷的去除效果较差；人工湿地的缺点是对进水要求比较高，必须先去除污水中的大颗粒杂质，避免湿地滤料的堵塞。农村污水处理需综合运用多种处理技术，以达到各处理技术取长补短、提高生活污水处理效果的目的。

目前，农村常用的生活污水处理技术均由 6.1 节所述的各类预处理、生物处理、生态（深度）处理技术组合、改进而形成，本节内容将对常用的农村污水处理技术进行简要介绍，并从各自适用的范围、处理效果、优缺点、建设成本、运行成本等角度进行分析。

6.2.1 活性污泥法

1. A/O+人工湿地处理工艺

1）技术说明

该工艺将 A/O 生物处理技术与人工湿地生态处理技术相结合，其原理是利用厌氧菌、好氧菌等微生物分别在缺氧、有氧条件下去除废水中的有机污染物，同时利用人工湿地中的土壤、植物及微生物等构建的生态系统对污染物进行吸收处理，以达到污水净化的作用，其工艺流程见图 6-1。

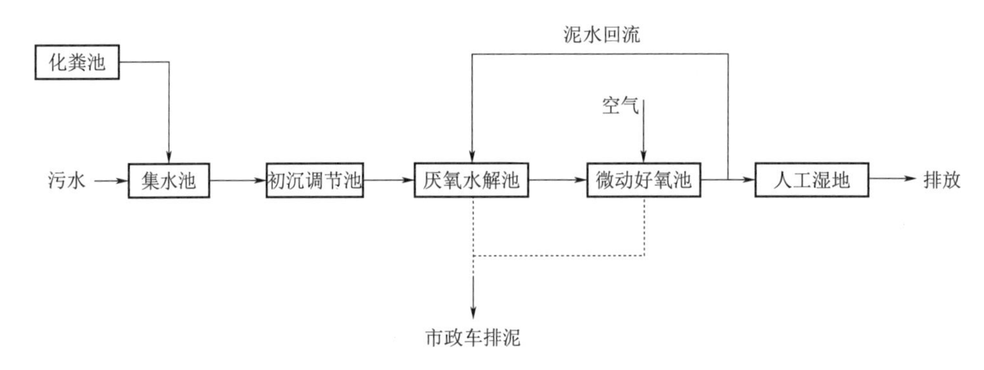

图 6-1 A/O+人工湿地处理工艺流程

生物处理采用初沉调节+厌氧水解+微动力好氧组合技术，生态处理采用景观人工湿地技术。部分位于山区的污水处理项目，污水首先需经过初沉池去除泥沙等杂物，然后经过厌氧水解菌的水解消化作用降解有机物，再在好氧消化细菌的氧化分解作用下去除有机物和氨氮，最后在人工湿地景观植物净化带的过滤与吸附作用下进一步去除污染物，保证出水水质。

为保证出水总磷浓度达标，可在好氧池后设置除磷单元。除磷单元主要为加药装置和混凝反应器，通过加药混凝反应沉淀，可以进一步去除 SS、TP。混凝反应器采用静态式混合器，辅以少量的空气搅拌，无需动力设备。混凝反应器设在曝气区，以计量泵方式加药。物化除磷沉淀原理与生化除磷相似，只是不设污泥回流。

2）工艺参数

参照国家环境保护标准 HJ 576—2010《厌氧-缺氧-好氧活性污泥法污水处理工程技术规范》。

3）处理效果

在 A/O 工艺水力停留时间为 22 h、人工湿地水力负荷小于 0.6 $m^3/(m^2 \cdot h)$ 的条件下，人工湿地出水水质 COD_{Cr} 平均浓度小于或等于 60 mg/L，NH_3-N 平均浓度小于或等于

8 mg/L，TP 平均浓度小于或等于 1.0 mg/L，SS 平均浓度小于或等于 20 mg/L。COD_{Cr}、NH_3-N、TP、SS 总去除率分别为 81.4%、84.1%、83.3%及 90.0%，排放的尾水可稳定达到 GB 18918—2002《城镇污水处理厂污染物排放标准》一级 B 标准。

4）经济适用性

以该工艺设计规模为 120 m^3/d 的一体化设备为例进行经济分析，建设期，一体化设备及附属设施的工程投资总计为 49.40 万元；运营期，需设置兼职劳动定员 1 人，所需电耗为 0.44 kW·h/m^3，电耗成本为 0.27 元/m^3（不含折旧），运行成本费用约 0.4~0.6 元/m^3。

综上所述，该工艺主要适用于经济条件相对较好、对出水水质要求较高，且用地不紧张的地区。

5）优缺点

优点：该工艺处理效率高，出水水质稳定。

缺点：该工艺对设计、施工、管理维护的要求都比较高，运行管理操作相对复杂，运行维护费用较大。因此，不适用于水量较小、管理人员技术不高的场合。

2. A/A/O+人工湿地处理工艺

1）技术说明

A/A/O 工艺是从 A/O 工艺发展而来的污水生物处理工艺。生活污水首先进入厌氧池，在厌氧条件下大分子有机物转化成小分子有机物及稳定的沉渣。经厌氧氧化的污水再进入缺氧环境中进一步完成有机物的水解酸化，为后续好氧接触氧化创造良好的条件。经水解酸化后的污水进入好氧池，在好氧池悬挂填料上附着的生物膜氧化分解作用下，污水中的悬浮物、有机物、氨氮、总氮等污染物被去除，再经人工湿地进一步去除氮、磷及有机物，或经后续的二沉池去除悬浮物和剥落生物膜。A/A/O+人工湿地处理工艺流程见图 6-2。

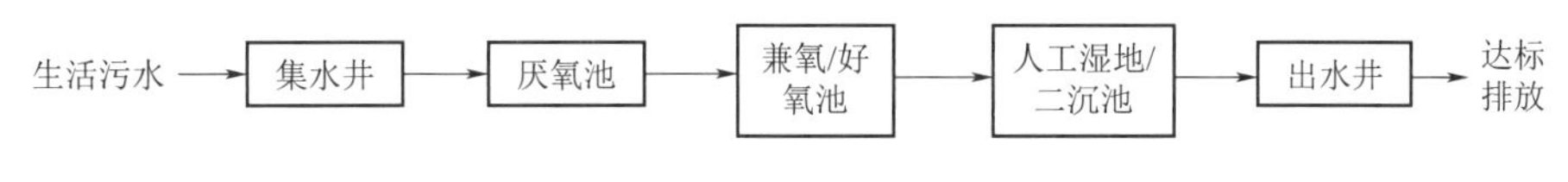

图 6-2　A/A/O+人工湿地处理工艺流程

2）工艺参数

参考脱氮除磷活性污泥法、人工湿地处理技术相关工艺参数。

3）处理效果

以采用 A/A/O+潜流人工湿地组合工艺处理安徽某农村生活污水为例，处理后的出水各项指标可稳定达到 GB 18918—2002《城镇污水处理厂污染物排放标准》一级 A 标准，BOD_5、COD_{Cr}、SS、NH_3-N、TN、TP 的平均去除率分别可达到 91.83%、89.51%、95.47%、89.51%、85.88%、91.56%。该工艺处理系统具有较强的抗冲击负荷能力，进水中 BOD_5、COD_{Cr}、SS、NH_3-N、TN、TP 浓度变化对去除率影响较小。

4）经济适用性

以该工艺设计规模为 500 m^3/d 的一体化设备为例进行经济分析。建设期，一体化设备及附属设施的工程投资约为 140 万元；运营期，电耗费用仅为 0.10~0.20 元/m^3，处理费用约为 0.4~0.6 元/t 水。

该工艺适用于水量较大、污水污染负荷较大的场合，同时也是集镇区污水处理厂(站)首选工艺。建议污水处理规模大于 50 m^3/d 时，可考虑采用该工艺。对于原采用其他污水处理工艺而效果不佳的一些集镇，建议改建后采用该工艺。

5）优缺点

优点：该工艺处理效率高，出水水质稳定。采用人工湿地作为好氧池出水后续处理工艺，可省去前端污水、污泥回流脱氮工艺，保障出水水质。

缺点：使用该工艺会适当增加占地面积。

3. 多级 A/O 组合工艺

1）技术说明

主体单元分为预脱硝区、厌氧区、缺氧区、好氧区和沉淀分离区。预脱硝区接收来自调节池的入流污水和生物沉淀池的回流污泥，预脱硝区在缺氧条件下可充分去除入流污水和回流污泥中的硝酸盐和氧气，降低硝酸盐和氧气对厌氧池聚磷菌释放磷效果的影响，同时预脱硝区的反硝化作用可提供部分碱度，为后续好氧区硝化作用提供有利条件。厌氧区的主要功能是与好氧区配合除磷。缺氧区的主要功能是反硝化脱氮，在缺氧区池内底部设置穿孔管进行间歇曝气，保证缺氧环境。好氧区的主要功能是氧化分解有机质和硝化氨氮。多级 A/O 组合工艺流程见图 6-3。

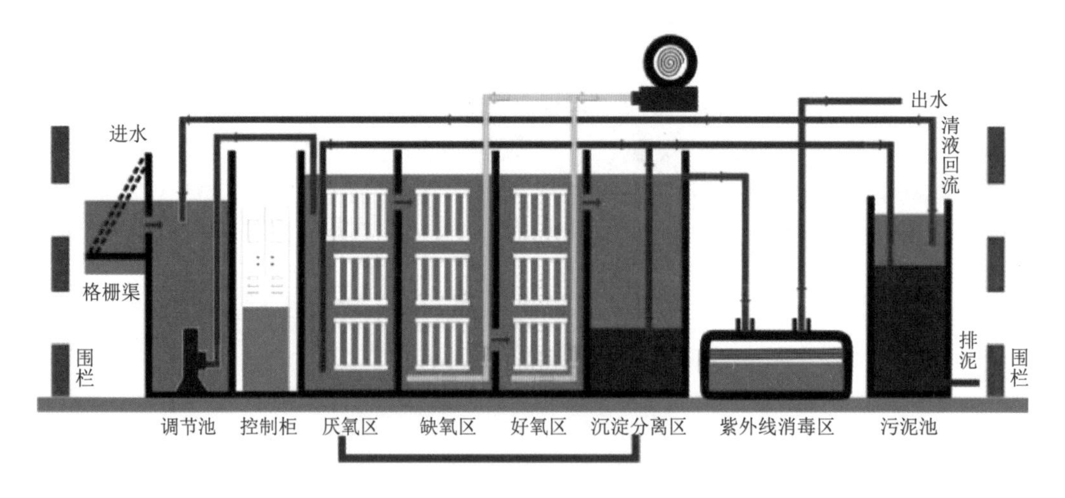

图 6-3　多级 A/O 组合工艺流程

2）处理效果

设计进水水质参考常规生活污水水质，设计出水水质可达到 GB 18918—2002《城镇污水处理厂污染物排放标准》一级 A 标准。

3）运行成本

以该工艺设计规模为 20 t/d 的一体化设备为例进行成本分析，该站点运行成本为 1.41 元/m^3。

4）优缺点

优点：多级 A+多级 O 接触氧处理工艺，能适应碳源偏低的污水处理；A 池配有移动式缺氧填料，O池配有移动式好氧填料；前端采用电解除磷模块进行除磷；曝气风机采用较低能耗的空气气泵；污泥回流采用空气气提；溶解药箱采用空气搅拌，进一步降低了污水处理能耗；一体化设备内设施布置紧凑，外观简洁大方；可进行远程监控、PC端或App控制，实现无人值守。

缺点：电解除磷的效果有待检验；能耗较高。

4. 序批式生物反应处理工艺（Sequencing Batch Reactor Activated Sludge Process，SBR）

1）技术说明

SBR工艺由进水、曝气、沉淀、排水、待机五个工序组成，基本运行方式分为限制曝气进水和非限制曝气进水两种。该工艺所有工序均在一个反应池内完成，无须设置二沉池、回流污泥设施及设备，一般情况下不设调节池，多数情况下可省去初沉池，故节省占地和投资。SBR工艺运行方式——限制曝气进水工艺流程见图6-4，SBR工艺运行方式——非限制曝气进水工艺流程见图6-5。

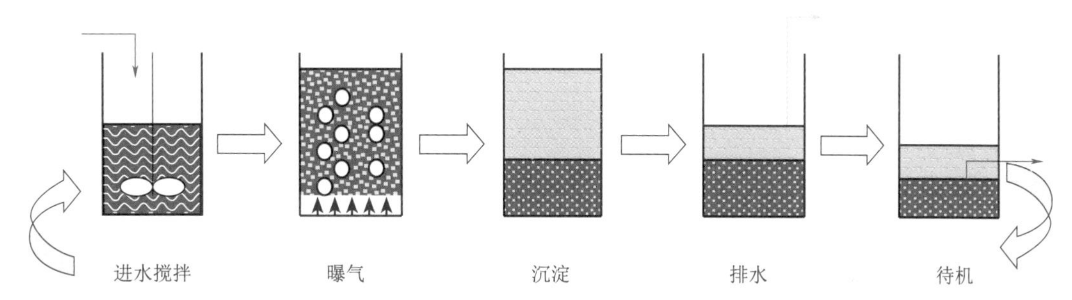

图6-4　SBR工艺运行方式——限制曝气进水工艺流程

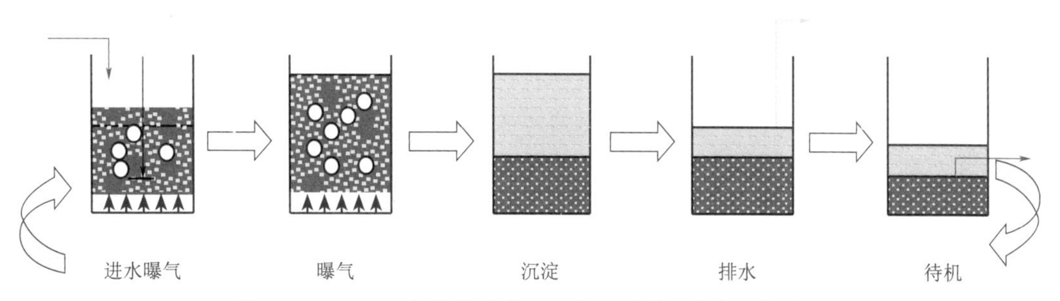

图6-5　SBR工艺运行方式——非限制曝气进水工艺流程

2）工艺参数

该工艺适用于小型污水处理设施。为适应流量的变化，反应池的容积应留有余量或采用设定不同运行周期等方法应对流量负荷冲击。但是，对于民俗旅游村等流量变化很大的场合，应根据维护管理和经济条件，考虑设置流量调节池。

运行周期的确定：SBR的运行周期由充水、反应、沉淀、排水排泥和闲置五个时间段组成，应根据实际情况予以考虑。

反应池容积的计算：反应池内水力流态为完全混合式，结构紧凑，占地很少。反应池形状以矩形居多，池宽与池长之比大约为1∶1~1∶2，水深4~6 m。容积的计算要全面考虑周期数、每一系列反应池数、每一系列污水进水量（设计最大日污水量）等因素。

曝气系统：曝气装置应不易堵塞，并考虑反应池的搅拌性能等。

排水系统：上清液排出装置应能在设定的排水时间内，在活性污泥不发生上浮的情况下排出上清液，同时设置事故用排水和防浮渣流出装置。

排泥设备：该工艺不设初沉池，易流入较多的杂物，污泥泵应采用不易堵塞的泵型。

3）经济适用性

与传统活性污泥法相比，SBR 省去了初沉淀池、二次沉淀池及污泥回流设备，建设费用可节省 10%～25%，占地面积可减少 20%～35%。由于曝气的周期性使池内溶解氧的浓度梯度大，传递效率高，运转费用可节省 10%～25%。

SBR 不但可以去除有机物，还可实现除磷脱氮功能，适用于污水量小且进水不稳定、对出水水质要求较高的地方，如民俗旅游村、河湖周边地区等，也适用于华北大部分水资源紧缺、用地紧张的地区。

4）处理效果

出水各项指标稳定达到 GB 18918—2002《城镇污水处理厂污染物排放标准》一级 A、B 标准。

5）优缺点

优点：具有工艺流程简单、运转灵活、基建费用低等优点，能承受较大的水质水量的波动，具有较强的耐冲击负荷能力，较为适合农村地区应用。

缺点：SBR 的工作周期通常包括进水、反应（曝气）、沉淀、排水和待机五个阶段，需要自动控制，因此对自控系统的要求较高；间歇排水，池容的利用率不理想；在实际运行中，废水排放规律与 SBR 间歇进水的要求存在不匹配问题，特别是水量较大时，需多套反应池并联运行，增加了控制系统的复杂性。

6）结构及类型

SBR 有多种工艺，包括普通 SBR 和多种变形，普通 SBR 反应池结构示意图见图 6-6。普通 SBR 反应池为矩形，主要包括进出水管、剩余污泥排出管、曝气管、滗水器等几部分。曝气方式可以采用鼓风曝气或射流曝气。滗水器是一类专用排水设备，其实质是一种可以随水位高度变化而调节的出水堰，排水口淹没在水面以下一定深度，可以防止浮渣进入。

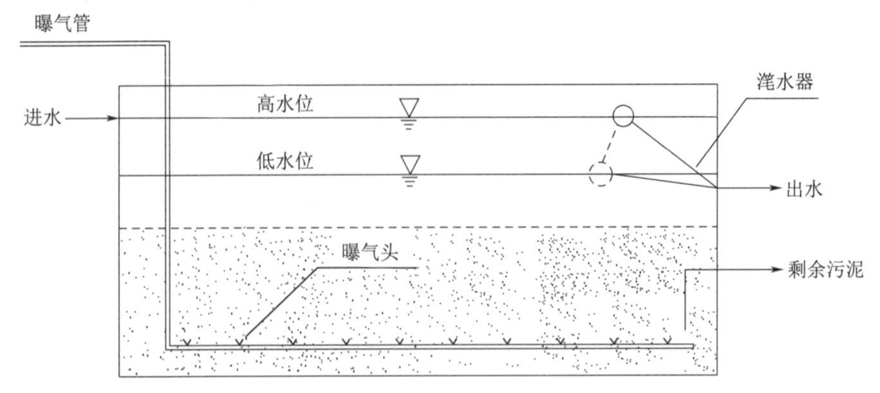

图 6-6　普通 SBR 反应池结构示意图

6.2.2　生物膜法

1. 生物接触氧化工艺

1）技术说明

生物接触氧化工艺是生物膜法的一种。其特征是池体中填充填料，污水浸没全部填料，通过曝气充氧，使氧气、污水和填料三相充分接触，填料上附着生长的微生物可有效去除污水中的悬浮物、有机物、氨氮和总氮等污染物。

2）工艺参数

该工艺的设计要求、施工与验收、运行维护管理可参照 HJ 2009—2011《生物接触氧化法污水处理工程技术规范》。生物接触氧化池前应设置沉淀池等预处理设施，以防止堵塞。此外，需要合理布置生物接触氧化池的曝气系统，实现均匀曝气。填料装填要合理，以防止堵塞。

3）经济适用性

生物接触氧化池一次性投资主要是池体建造和购买填料。池体造价因处理规模不同而差异较大，从几百至几万不等。填料种类不同，价格差异明显。以价格较高的新型球形塑料填料为例，填充 1 m^3 体积所需要的填料价格在 600 元左右。生物接触氧化池运行费用低于传统活性污泥反应池。

该工艺适用于有一定经济承受能力的农村地区，可建成单户、多户污水处理设施或村落污水处理站。若作为单户或多户污水处理设施，为减少曝气耗电、降低运行成本，宜利用地形高差，通过跌水充氧完全或部分取代曝气充氧。

4）处理效果

出水可达 GB 18918—2002《城镇污水处理厂污染物排放标准》一级 B 标准。

5）优缺点

优点：占地面积小；污泥产量少，无污泥回流，无污泥膨胀；生物膜内微生物量稳定，生物相丰富，对水质、水量波动的适应性强；操作简便，较活性污泥法的动力消耗少；对污染物去除效果好。

缺点：加入生物填料导致建造费用增高；可调控性差；对磷的处理效果较差，对总磷指标要求较高的农村地区应配套建设出水的深度除磷设施。

2. 移动床生物膜反应器工艺（Moving Bed Biofilm Reactor，MBBR）

1）技术说明

该工艺通过前置的缺氧段可抑制丝状菌膨胀，后续在微型污水处理设施中采用 MBBR 工艺，具有占地面积小、悬浮式生物填料比表面积大的特点，可在一个池内完成脱氮和 BOD_5、氨氮等污染物的降解，污泥浓度高，容积负荷高，抗冲击性强，出水效果稳定，可实现完全无人值守的状态。

2）适用范围

适用于农村污水或其他分散性小规模污水的处理，实现就地达标排放。

3）特点及优势

该工艺采用 MBBR 生物填料，可有效维持系统不同菌群的总体生物量，提高污水处理效率和抗冲击负荷能力，耐低温；基于回流污泥的消氧运行，可实现系统低氧环境下的生物脱氮，同时污泥产量大大减少；设备占地面积小，安装与运维方便，通过物联网技术开发的远程运维系统，可做到设备自动运行和无人值守，降低设备的运营费用。

4）处理效果

出水可达 GB 18918—2002《城镇污水处理厂污染物排放标准》一级 B 标准。

5）经济适用性

设备及土建工程投资约 0.4 万~0.6 万元/m^3，运行成本约 0.6~0.8 元/m^3。

适用于人口集聚程度高、土地资源紧张、环境敏感性较高，且对运行费用有一定承受能力的村庄。

3. 生物膜净化槽工艺

1）技术说明

净化槽是一种小型生活污水处理装置，用于分散型生活污水或类似生活污水的处理。污水进入净化槽后，在厌氧滤床池（第一室）进行预处理，去除密度较大的颗粒及悬浮物，提高污水的可生化性。经预处理的污水再进入厌氧滤床池（第二室），在池内填料上附着的厌氧生物膜作用下，污水中的可溶性有机物得到有效去除。经厌氧滤床池（第二室）处理的污水再进入接触曝气池，经好氧分解、高速过滤、截留等作用去除悬浮污染物。经接触曝气池处理的污水依次进入沉淀池、消毒装置，经沉淀、消毒处理后外排。生物膜净化槽结构示意图见图 6-7。

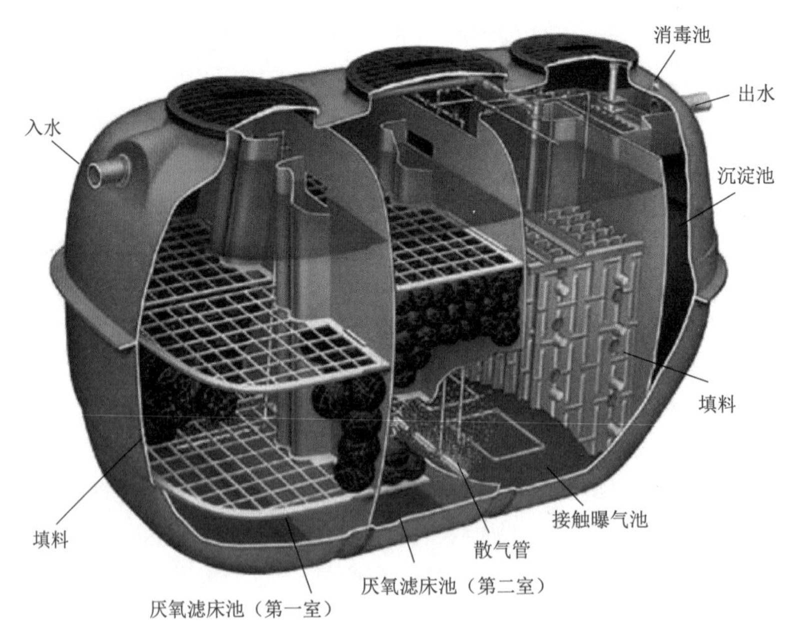

图 6-7　生物膜净化槽结构示意图

2）适用范围

适用于封闭、半封闭敏感水体污水处理；风景名胜区生活污水处理；城郊点源污水处理；饮用水源保护地、生态保护区污水处理；农村环境连片整治；酒店、宾馆等中水回用。

3）处理效果

出水水质稳定达到 GB 18918—2002《城镇污水处理厂污染物排放标准》一级 B 标准。

4）经济适用性

自动化程度高，管理方便，无须专人管理；技术稳定，维护方便；能耗低，节省运行成本。

工程造价约 1.2 万~2 万元/m^3，水电费 0.15 元/t 左右。

5）优缺点

优点：采用二级生化处理工艺，结构简单，处理效率高，占地省，污泥量少；好氧生化池采用接触氧化处理工艺，具有运行稳定、抗冲击负荷能力强、处理效果稳定的优势。

缺点：厌氧微生物增殖缓慢，因而调试启动时间长，一般需要半年至一年时间；出水往往达不到排放标准，需进一步处理，并在厌氧后串联好氧处理；厌氧处理系统操作控制因素较复杂；会产生甲烷等易爆气体，需进行较高要求的安全设置；会产生硫化物等具较大异味气体，造成空气污染。

6.2.3　生态处理

1. 厌氧池+人工湿地处理工艺

1）技术说明

该工艺主要由厌氧处理技术、人工湿地技术两部分组成。冲厕废水先进入厕所化粪池进行消化处理，从化粪池排出的上清液和厨房废水、洗衣废水、洗浴污水一起进入厌氧池，经厌氧消化分解后，再进入人工湿地，污染物在人工湿地内经过滤、吸附、植物吸收及生物降解等作用得以去除。厌氧池+人工湿地处理工艺流程见图 6-8。

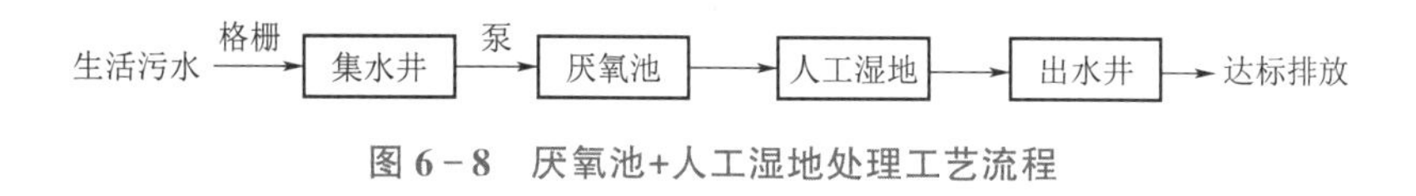

图 6-8　厌氧池+人工湿地处理工艺流程

湿地植物常选用香蒲、美人蕉、灯心草等，基质为级配砾石，粒径约为 30~50 mm。

2）适用范围

适合用于土地资源相对丰富的农村地区，尤其是有较多的绿地或废弃池塘可以利用的场所。

3）处理效果

“厌氧预处理+潜流式人工湿地”系统对 COD_{Cr}、BOD_5、SS、NH_3-N 的平均去除率分别达到 67.2%、87.0%、90.4%、80.2%，出水水质达到 GB 8978—1996《污水综合排放标准》一级标准。

4）经济适用性

吨水规模处理系统建设成本约为 4500~5200 元，不含管网。以 100 m^3/d 污水处理站为例，污水处理站总安装功率 0.55 kW，按当地电费 0.7 元/(kW·h) 计，电耗成本为 6.34 元/d。

5）优缺点

优点：兼顾污水处理与景观美化；技术成熟，投资费用省，运行费用低，维护管理简便；设计负荷适当时，出水水质好，尤其是脱氮效果良好。

缺点：该技术设备占地面积大，运行和设计不当时容易发生堵塞，处理效果也会下降。

2. 预沉池+土地快速渗滤处理工艺

1）技术说明

该工艺是将污水有控制地投配到具有良好渗透性能的土地渗滤床，在污水向下渗滤的过程中，通过过滤、沉淀、氧化、还原以及生物氧化、硝化、反硝化等一系列作用，使污水得到净化。预沉池+土地快速渗滤处理工艺流程见图 6-9。

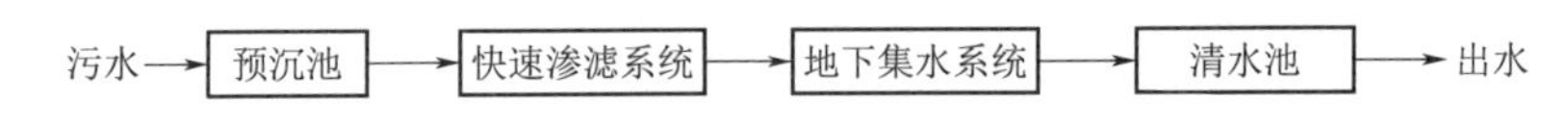

图 6-9　预沉池+土地快速渗滤处理工艺流程

预沉池的功能主要是降低污水中的SS，以便提高渗池的渗滤速度，防止堵塞。污水通过渗池的过程中产生综合的物理、化学和生物反应使污染物得以去除，其中主要是生物化学反应，使有机污染物通过生物降解而去除。地下集水系统的功能是收集净化水，净化水进入清水池贮存供回用。快速渗滤法的主体设备是快速渗滤池，该系统由至少两个装填有一定厚度砂石填料的滤池组成，采用干湿交替的运转方式，通过滤池内的好氧、厌氧及兼氧性微生物降解污染物。落干期渗池大部分为好氧环境，淹水期渗池为厌氧环境，所以渗池内经常是好氧和厌氧相互交替，有利于微生物发挥综合处理作用，去除有机物。就氮的去除而言，落干期产生铵化和硝化作用，淹水期产生反硝化作用，氮通过上述转化过程而被去除；悬浮固体经过过滤去除；磷经吸附和与渗池内的特殊填料形成羟基磷酸钙沉淀而去除；病原体经过滤、吸附、干燥、辐射和吞噬而去除；有机物经挥发、生物和化学降解等作用而分别被去除。

2）工艺参数

土地快速渗滤处理系统应根据应用场地的土质条件进行土壤颗粒组成、土壤有机质含量等调整，使土壤渗透系数达到 0.36~0.6 m/d；淹水期与干化期时间比值应小于 1，寒冷地区冬季应采用较长的休灌期，淹水期与干化期时间比值一般为 0.2~0.3；渗滤层深度 1.5~2 m，渗滤池的深度或围堤的高度应比污水设计深度至少多出 30 cm，以便有较大的调节余地；年水力负荷为 5~120 $m^3/(m^2 \cdot a)$。

3）处理效果

土地快速渗滤系统对污染物的去除效率分别为：COD_{Cr} 为 40%~55%、SS 不小于 90%、BOD_5 为 55%~75%、TN 为 40%~50%、NH_3-N 为 40%~60%、TP 为 50%~60%。出水可达到 GB 18918—2002《城镇污水处理厂污染物排放标准》二级标准。

该系统对周边环境影响较小，出水达到相关标准后可直接用于农田、苗圃、绿地灌溉。

4）二次污染及防治措施

快速渗滤应因地制宜地采用防渗措施。在集中供水水源防护带、含水层露头地区、裂隙性岩层和熔岩地区，不得使用土地处理系统。

5）经济适用性

土地快速渗滤处理系统吨水投资成本为 300~800 元，吨水运行费用低于 0.1 元。该系统基本不消耗动力，管理简便，操作简单。

该技术适用于有可供利用的渗透性能良好的砂土、沙质土壤或河滩等场地条件。在地下水埋深大于 1.5 m 的地区，可用于洗浴、水槽以及洗衣机等排放废水处理或二级生物处理出水的再处理。

6）优缺点

优点：处理效果较好，投资费用省，无能耗，运行费用很低，维护管理简便。

缺点：污染负荷低，占地面积大，设计不当易堵塞，易污染地下水。

6.2.4　其他工艺

1. 曝气生物膜反应器工艺（Membrane Aeration Bioreactor，MABR）

1）技术说明

MABR 是一种基于曝气膜的低能耗的好氧生物处理工艺，使用封闭式螺旋组装的曝气膜，无须使用压缩空气进行废水曝气，可显著降低能耗。MABR 模块由以螺旋形组装的透气膜组成。恒定的低压空气通过透气膜和间隔层之间的缝隙进入膜组件，再将氧气分配到废水中。该结构能达到最佳的氧传质效率，氧气通过自由扩散机制从膜的一侧扩散到另一侧的废水中。

MABR 透气膜为一种只供氧气透过的选择性透过膜（MABR 透气膜示意图见图 6-10），氧气基于自由扩散原理渗透到膜的表面，并在膜表面与污水接触，好氧细菌在膜壁上繁殖并对污水进行处理。MABR 模块可实现同步硝化反硝化反应，氧气透过膜进入水体，距离膜较近的区域内，氧含量较高，好氧生物膜在此生长，铵态氮在此处被去除，反应生成硝态氮。在非膜表面的区域，低氧含量和充足的 BOD_5 创造良好的缺氧环境，硝态氮在此处进行反硝化反应生成 N_2 排入大气。

2）工艺参数

工艺参数包括膜池尺寸、水力负荷、膜元件面积及数量、曝气量、反冲洗时间等。当调节池进水的动植物油含量大于 50 mg/L、矿物油大于 3 mg/L 时，应设置除油装置。污水好氧生化处理进水 BOD_5/COD_{Cr} 宜大于 0.3。膜生物反应池进水 pH 值宜为 6~9。

3）处理效果

采用膜曝气生物膜反应器技术，出水水质可达到 GB 18918—2002《城镇污水处理厂污染物排放标准》一级 A 标准。

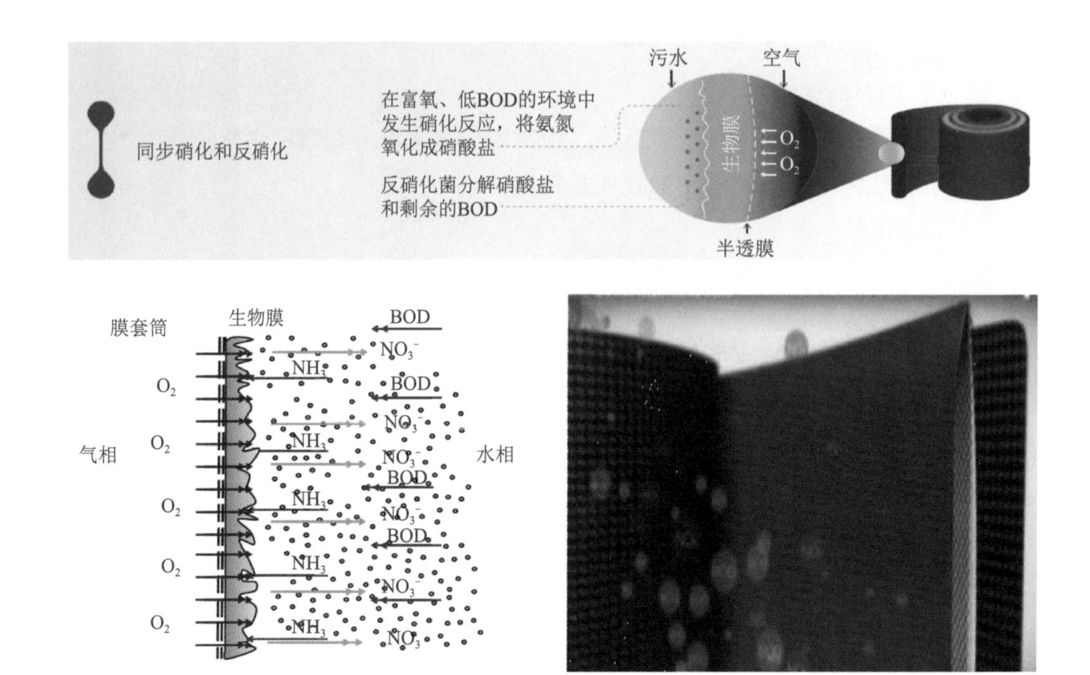

图 6-10　MABR 透气膜示意图

4）经济适用性

以该工艺设计规模 30 m^3/d 的一体化设备为例进行经济分析，一体化设备及土建工程投资约 2 万元/m^3，运行成本 0.51 元/m^3。适用于高出水标准需求的地区。

5）优缺点

优点：相比于其他处理工艺，该工艺碳源利用率高，电耗、药耗等运行成本低；操作简单，系统运行稳定，运行维护简单，出水水质稳定；可实现同步硝化反硝化，具有可扩容升级条件，有利于未来的提标改造，无须额外费用。

缺点：造价高。

2. 膜分离一体化污水处理工艺（Membrane Bio-Reactor，MBR）

1）技术说明

利用膜分离设备将生化反应池中的活性污泥和大分子有机物截留，可提升活性污泥浓度，水力停留时间和污泥停留时间可以分别控制，从而使难降解的物质在反应器中不断反应、降解。

2）工艺参数

在平均水量下，反硝化池部分的水力停留时间（HRT）为 30~45 min。

硝化池的 HRT 一般应大于 4 h，通常为 8~12 h。

平均水量下，设计通量为 10~20 L/(m^2·h)；峰值水量下，设计通量为 20~35 L/(m^2·h)。

主体系统包含预处理系统和 MBR 一体化污水处理系统。

3）经济适用性

一体化设备及土建工程投资约 0.8~1.0 万元/m^3，运行成本约 0.7~1.0 元/m^3。适用于经济条件好，对水质要求较高的村庄。

4）处理效果

出水水质可达 GB 18918—2002《城镇污水处理厂污染物排放标准》一级 A 标准。

5）特点及优势

与传统的生物处理方法相比，该工艺大大提高了固液分离效率，并且由于曝气池中活性污泥浓度的增大和污泥中特优势菌群的出现，提高了生化反应速率。同时，通过降低 F/M 以减少剩余污泥产生量，从而解决了传统活性污泥法存在的许多突出问题。

3. 复合生物滤池+高效人工湿地处理工艺

1）技术说明

复合生物滤池+高效人工湿地处理工艺利用分层生物滤池对污水中的有机物、悬浮物和氨氮等进行预处理，利用人工湿地对污水中的氮、磷和剩余有机物进一步进行处理，通过物理、化学、生物综合作用达到净化水质的目的。复合生物滤池+高效人工湿地处理工艺流程见图 6-11。

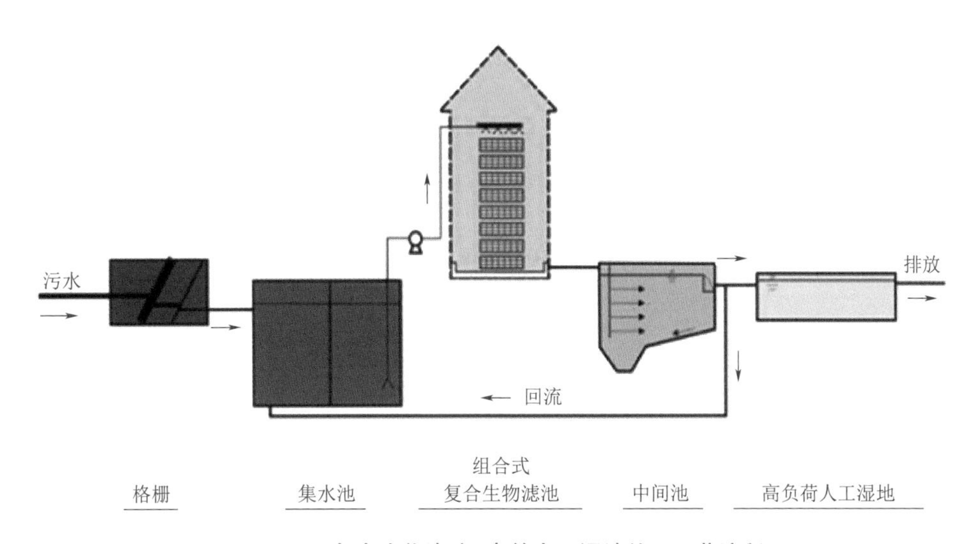

图 6-11　复合生物滤池+高效人工湿地处理工艺流程

2）处理效果

复合滤池出水能稳定达到 GB 18918—2002《城镇污水处理厂污染物排放标准》一级 B 标准，后续接人工湿地处理，可保证出水水质稳定达到一级 A 标准，可直接用于农田灌溉或绿化。

3）经济适用性

一体化设备及土建工程投资约 1.0 万~1.2 万元/m^3，运行费用为 0.3~0.5 元/m^3。

适用于土地资源相对丰富、气候温暖、日照充沛、出水水质要求较高地区的多户污水处理。

4）优缺点

优点：复合生物滤池+高效人工湿地组合工艺克服了传统生物滤池易堵塞等缺点，并极大地提高了反应器的处理效率和稳定性，工程结构简洁、投资省、占地面积小、处理效果好、耐冲击负荷、能耗低、运维成本低，具有一定的脱氮除磷功能。该组合工艺适用于水量较小、水质水量日变化较大的村镇污水处理，既能解决农村生活污水问题，也能实现环境协调、景观美化，具有良好的应用前景。在土地和经济条件允许下对于有农村污水处理提质增效要求的地区，可考虑采用该技术。

缺点：该工艺易受季节变化、温度变化的影响。季节变化影响着湿地中植物的生长及生理活动，间接影响到植物吸收和供氧，从而削弱 COD_{Cr}、BOD_5 的去除效率；温度变化则影响复合生物滤池生物膜上微生物的活性，酶的活性在一定温度范围内随着温度的升高而增加，有利于污染物的去除；反之，随着温度的降低，抑制污染物的去除。

4. 厌氧滤池-稳定塘-生物浮岛处理工艺

1）技术说明

生活污水经过沉淀池和厌氧滤池后，大部分有机物被截流，并在厌氧发酵作用下被分解成稳定的沉渣，厌氧滤池出水进入氧化塘，通过自然充氧补充溶解氧，氧化分解水中有机物。氧化塘利用水生植物的生长，吸收氮磷，进一步降低有机物含量。厌氧滤池—稳定塘—生物浮岛处理工艺流程见图 6-12。

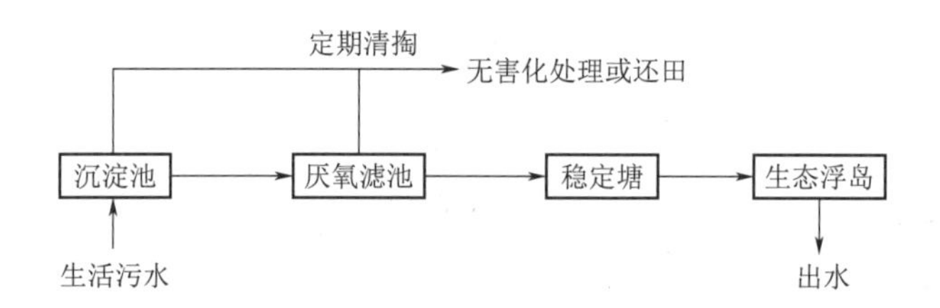

图 6-12　厌氧滤池—稳定塘—生物浮岛处理工艺流程

该工艺采用生物、生态结合技术，可利用村庄自然地形落差因势而建，减少或不需动力消耗。沉淀池可利用三格化粪池改建，厌氧滤池可利用净化沼气池改建，氧化塘、生态渠可利用河塘、沟渠改建，生态渠通过种植经济类的水生植物（如水芹、空心菜等），可产生一定的经济效益。

2）处理效果

常温下，出水水质可达到 GB 18918—2002《城镇污水处理厂污染物排放标准》一级 B 标准；低温季节，出水水质可达 GB 18918—2002《城镇污水处理厂污染物排放标准》二级标准。

3）经济适用性

该系统户均建设成本为 800~1000 元（不含管网），无设备运行费用。日常安排专人不定期维护，清理杂物。水生植物在生长旺季和冬季时及时收割，沉淀池和厌氧滤池污泥每年清掏 1 次。适用于拥有自然池塘或闲置沟渠且规模适中的村庄，处理规模不宜超过 200 t/d。

5. 土壤型高负荷生物滤床处理工艺

1）技术说明

该工艺利用的专属菌种“多生物相微生物菌胶团”具有超大的阳离子交换容量和微生物亲和性，可吸附降解有机物，与多床层结构结合后，可形成好氧、兼氧、厌氧环境，进行同步硝化反硝化反应，从而实现快速、高效、低成本处理生活污水。

2）适用范围

新建中小型生活污水处理、对绿化及景观要求较高的村镇生活污水处理、对出水水质要求严格的饮用水源地等区域的生活污水处理、要求运维成本低的生活污水处理项目。

3）特点及优势

一次性投入成本少，可分散、可集中，占地面积较小；工艺成熟，操控简单，全自动运行，无须专人值守，运维处理成本仅 0. 2～0. 4 元/t；氨氮及磷去除率高、效果好；抗冲击负荷能力强；出水水质可达 GB 18918—2002《城镇污水处理厂污染物排放标准》一级 A 标准。

6. 循环生物滤池工艺

1）技术说明

该工艺充分利用生物膜的优势，优化工艺流程，仅通过一台循环提升泵，在满足均匀布水的同时可实现 2～6 倍水力自补偿式回流，使技术具备极强的抗水质水量冲击的能力；在自然通风供氧的条件下，滤料层不同深度区域形成厌氧、缺氧、好氧的生化环境，实现出水水质稳定达标。

2）适用范围

适用于生活污水量为 1～100 m^3/d 的村庄。

3）特点及优势

（1）运维简单。

只需一台泵作为动力设备，可维持整个系统的正常运行，无复杂工序，同时可配置故障信息远程传输系统，进一步简化维护管理。

（2）抗水质水量冲击负荷。

创新设计的冲击负荷循环缓冲系统让该工艺具备极强的抗水质水量负荷冲击能力，确保出水水质稳定达标，适应各类分散点源的污水处理。

（3）运行能耗低。

与常规工艺相比，由于该工艺省去了风机、搅拌器和回流泵等，因此运行电耗很低。

6.3　农村污水处理工艺技术经济对比分析

本节对不同农村污水处理工艺技术可达到的处理出水水质标准、适用范围、建设成本、运维成本及各自的优、缺点进行了初步技术经济比较分析，可用于指导设计等方面技术人员进行工艺方案的选取。农村污水处理工艺技术经济对比分析一览表见表 6–2。

表 6-2　农村污水处理工艺技术经济对比分析一览表

工艺类型	处理效果	适用范围	建设成本	运维成本	优　点	缺　点
人工湿地工艺	达到 GB 18918—2002《城镇污水处理厂污染物排放标准》二级标准	适用于人口密度较低的农村地区（散户）	0.4 万~0.45 万元/t 水	基本无设备运行费	实施简单、投资少、维护简单、美观	占地面积大、易受病虫害及季节气候影响
预沉池＋土地快速渗滤工艺	达到 GB 18918—2002《城镇污水处理厂污染物排放标准》二级标准	在集中供水水源防护带、含水层露头地区、裂隙性岩层和溶岩地区，不得使用土地处理系统	0.47 万~0.62 万元/t 水	运行费用低于 0.1 元/t 水	投资少、维护简单、美观	占地面积大、耐冲击负荷低
A/O 工艺	达到 GB 18918—2002《城镇污水处理厂污染物排放标准》一级 B 标准	适用于人口集聚程度高、土地资源紧张、环境敏感性不是很高的地区	0.60 万~0.80 万元/t 水	运行费用约为 0.8~1.2 元/t 水	运行简单、管理方便	脱氮能力欠缺、出水水质略差
A/A/O 工艺	达到 GB 18918—2002《城镇污水处理厂污染物排放标准》一级 A 标准	适用于人口集聚程度高、土地资源紧张、环境敏感性较高的地区	0.65 万~0.85 万元/t 水	运行费用约为 1.0~1.3 元/t 水	处理效率高、运行简单、管理方便	出水水质稳定性不够、悬浮物不易达标
A/O+人工湿地工艺	达到 GB 18918—2002《城镇污水处理厂污染物排放标准》一级 B 标准	适用于经济条件相对较好、对出水要求较高且用地不紧张的地区。不适用于水量较小、管理人员技术不高的场合	0.75 万~1.20 万元/t 水	运行费用约为 0.55~0.6 元/t 水	处理效率高、出水水质稳定	对设计、施工、管理维护的要求都比较高，运行管理操作相对复杂，运行维护费用较大

续表

工艺类型	处理效果	适用范围	建设成本	运维成本	优　点	缺　点
A/A/O+人工湿地工艺	达到GB 18918—2002《城镇污水处理厂污染物排放标准》一级A标准	适用于经济条件好、对水质要求较高的村庄	0.80万~1.25万元/t水	运行费用约为0.85~1.0元/t水	处理效率高，出水水质稳定。如好氧池出水采用人工湿地作为后续工艺，可以省去前端污水、污泥回流脱氮工序环节，管理相对方便、出水水质稳定	占地面积会适当增加
膜曝气生物反应器（MABR）	达到GB 18918—2002《城镇污水处理厂污染物排放标准》一级A标准	适用于人口集聚程度高、土地资源紧张、环境敏感性较高，且对运行费用有一定承受能力的村庄	1.5万~2万元/t水	运行费用约为0.75~1.2元/t水	高质量出水、运行简单	造价高
MBBR工艺	达到GB 18918—2002《城镇污水处理厂污染物排放标准》一级A标准	适用于人口集聚程度高、土地资源紧张、环境敏感性较高，且对运行费用有一定承受能力的村庄	0.6万~0.9万元/t水	运行费用约为0.75~0.90元/t水	处理效率高、出水水质稳定	填料需不定期补充和更换
膜分离一体化污水处理工艺（MBR）	达到GB 18918—2002《城镇污水处理厂污染物排放标准》一级A标准	适用于经济条件好、对水质要求较高的村庄	1.25万~1.50万元/t水	运行费用约为1.8~2.5元/t水	处理效率高、出水水质较好、稳定	投资略高、后期维护成本偏高
复合生物滤池+高效人工湿地工艺	达到GB 18918—2002《城镇污水处理厂污染物排放标准》一级A标准	适用于居住相对集中且有闲置土地的农村地区	0.50万~1.00万元/t水	运行费用约为0.5~0.6元/t水	建造成本低、运行简单、具有观赏性	处理效率略低、耐冲击负荷差些

续表

工艺类型	处理效果	适用范围	建设成本	运维成本	优点	缺点
厌氧池+复合人工湿地工艺	达到GB 18918—2002《城镇污水处理厂污染物排放标准》一级B标准	适用于经济条件一般和对氮磷去除有一定要求的村庄	0.25万~0.40万元/t水	运行费用约为0.1~0.2元/t水	运行成本低、操作简单	占地略大、处理效率略低
地埋式微动力一体化装置/微动力AO污水处理工艺	达到GB 18918—2002《城镇污水处理厂污染物排放标准》一级A标准或一级B标准	适用于经济条件好、对水质要求较高的村庄，处理规模不宜超过20 m^3/d	0.45万~0.65万元/t水	运行费用约为0.2~0.3元/t水	不占用地上面积、能耗略低、运行操作简单	地下维修不方便，不适合大规模处理设施
厌氧生物滤池—稳定塘—生物浮岛工艺	达到GB 18918—2002《城镇污水处理厂污染物排放标准》二级标准	适用于拥有自然池塘或闲置沟渠且规模适中的村庄，处理规模不宜超过200 t/d	0.45万~0.65万元/t水	运行费用约为0.05~0.1元/t水	无设备运行费用	日常安排专人不定期维护
土壤型高负荷生物滤床工艺	达到GB 18918—2002《城镇污水处理厂污染物排放标准》一级A标准	适用于新建中小型生活污水处理厂，以及对绿化和景观化要求较高的村镇	0.50万~0.65万元/t水	运行费用约为0.2~0.4元/t水	一次性投入成本少，可分散、可集中，占地面积较小	反硝化效果不理想，出水的硝氮含量有可能偏高
循环生物滤池工艺	达到GB 18918—2002《城镇污水处理厂污染物排放标准》一级B标准	适用于生活污水量为1~100 m^3/d的村庄	0.80万~1.00万元/t水	运行费用约为0.1~0.2元/t水	运维简单、抗水质水量冲击负荷能力强、运行能耗低	运行维护不良时易堵塞

注：表中数据部分参考DB 36/T 1446—2021《农村生活污水治理技术指南》（试行）。

第7章 农村污水治理产业链结构分析

7.1 农村污水治理技术研发产业链结构

7.1.1 主要科研院所

1. 住房和城乡建设部农村污水处理技术北方研究中心

于2008年成立的住房和城乡建设部农村污水处理技术北方研究中心（以下简称“农村中心”）依托于中国科学院生态环境研究中心组建，是开放型学术研究与咨询、培训机构，借助环境水质学国家重点实验室和区域与城市生态国家重点实验室的科研平台，拥有高水平的研究团队以及先进的科研仪器设备与条件，主要开展农村污染控制技术以及相关政策研究。

农村中心针对我国乡村厕所革命及分散污水治理需求，重点开展田园循环乡村环境卫生模式构建及综合评价研究，突破模式构建相关瓶颈技术，完成整装成套设备研发并开展推广应用；开展分散污水新型处理技术、运行管理技术以及第三方监管技术研究与应用。目前承担的项目包括国家自然科学基金项目、国家重点研发计划项目、国家水体污染控制与治理科技重大专项项目、中科院科技服务网络计划项目以及政府、企业委托项目等。在国内外期刊发表学术论文50余篇，申请专利30余项，授权14项。主要研究方向有：田园循环乡村环境卫生模式关键技术与成套设备研发及应用；乡村环境卫生模式技术经济及生态效益评价研究；分散污水治理关键技术与成套设备研发及应用。

2. 国家环境保护村镇污水处理与资源化工程技术中心

国家环境保护村镇污水处理与资源化工程技术中心（以下简称“工程技术中心”）于2011年组建，2016年11月正式通过环境保护部验收。工程技术中心研究方向主要围绕我国北方干旱寒冷地区村镇污水处理与资源化需要，开展低耗高效污水处理和资源化关键、共性技术研究，促进农村流域水资源保护与面源污染控制。工程技术中心已拥有畜禽粪污资源化处理技术、低温环境人工湿地污水处理技术、人工复合生物滤床技术、污水一体化处理成套设备技术、双膜法废水回用集成技术等具有自主知识产权的关键技术，整体技术水平在国内同行业中居领先地位。其中Tank大型沼气工程成套设备获国家重点新产品认证；寒冷地区畜禽粪便资源化技术、双膜法处理冶金工业废水集成技术、北方地区中小城镇污水人工湿地处理技术获国家环境保护最佳实用技术称号。中心拥有实验大楼及污水处理中试基地，建有村镇污水处理实验室、人工湿地技术实验室、河流治理技术实验室、畜禽粪污资源化技术实验室、环境工程微生物实验室。

工程技术中心开发适用于城郊和农村地区的分散式废水处理技术和相应的实用设备及产品，发挥技术和产业的扩散、辐射作用。工程技术中心以自身为技术交流平台，开展国内外技术合作与交流，培养农村环保人才，为政府、行业和社会提供环境管理及技术咨询服务。

工程技术中心在新技术开发过程中已形成具有自主知识产权的专利技术 8 项，承担国家重大水专项、科技支撑项目 5 项，获得国家、科技省部级奖项 10 项。

3. 浙江清华长三角研究院生态环境研究所

2003 年，浙江省人民政府与清华大学共同筹建浙江清华长三角研究院，其生态环境研究所（以下简称“研究所”）是清华大学环境学院和浙江清华长三角研究院共同建立的环境保护技术研究机构和成果转化基地。研究所现拥有环境领域人才 30 余人，其中高级工程师 9 人、硕博人才 19 人，拥有浙江省水质科学与技术重点实验室等多个研发平台、两个市级重点创新团队，其中嘉兴市水质安全保障创新团队为嘉兴市首批重点创新团队。完成国家和省部级环保科研课题 30 余项，市厅和区级科研课题 50 余项，面向政府和企业提供环保技术服务 170 余项。先后获得省部级科学技术奖 4 项、市厅级科学技术奖 14 项。研究所的定位和目标是以清华大学的技术和人才为依托，大力推动浙江省和长三角地区在生态环境领域的应用技术研究和科技成果转化；建立相应的研发基地与示范工程，带动和促进地方环保产业的成长，为地方经济可持续发展服务；为本地区在生态环境领域汇聚和培养高级环保人才；为中外企业和研究机构的交流搭建良好的科技服务平台；承担国家“十三五”科技重大水专项嘉兴项目课题四“分散生活污水处理设施智慧监测控制系统设备与平台”研究。

4. 中国人民大学低碳水环境技术研究中心

中国人民大学低碳水环境技术研究中心（以下简称“中心”）于 2010 年底建成并投入使用，重点围绕目前污水处理领域急需的关键技术、未来需要的污水处理新技术以及水污染控制领域的政策与管理等方面开展研究及应用。中心主要由综合实验室、分子微生物学实验室、数值模拟分析实验室、水质分析室、中试研究平台、会议室和学生工作室等功能区组成，已建成曝气器充氧性能测试平台、多工艺综合实验研究平台（处理规模 5 m^3/d）、氮素转化新工艺研发平台、微生物生态学研究平台、CFD 流体力学模拟平台等。团队成员包括教授 1 人、副教授 2 人、博士后 2 人、博士及硕士研究生 20 人。目前中心已在国内外学术期刊上发表论文 100 余篇，出版学术专著 5 部，编制行业标准 4 部、国家技术政策 3 项，获省部级科技进步奖 5 项，获得专利 20 余项，承担了包括国家水体污染控制与治理科技重大专项、“863”计划项目和国家自然科学基金项目在内的多项国家级重要科研任务，已取得了一批重要的科研成果。自主研发了适合农村污水处理的多项技术，如低能耗循环生物滤池（WRBF）、改良智能型 SBR、可调生物膜–活性污泥系统（ABAS®）等。

5. 广东省农村水环境面源污染综合治理工程技术研究中心

广东省农村水环境面源污染综合治理工程技术研究中心（以下简称“中心”）于 2019 年成立，依托广州大学组建，瞄准区域水环境面源污染治理的迫切应用需求与关键技术问题，进行跨单位与跨学科的资源整合和协同创新。中心结合面源污染治理研究的热点和难点问题，以广东省可持续发展现实需求为导向，在农村水环境国情监测标准体系、污染要素获取与关键监测技术、种植业面源污染管控、养殖业面源污染管控和面源污染治理技术工程等方面开展了系列技术创新与应用研发工作，取得了突破性的研究成果，为广东省农村水环境面源污染综合治理提供有力的科技支撑。

中心现有工程技术研发和工程技术人员 55 人，其中专职 35 人、兼职 20 人。拥有高级职称人员 21 人、中级职称人员 8 人、初级职称人员 3 人、博士 21 人、硕士 3 人、其他学历人员 30 人。

中心紧密结合当前农村环境治理应用的需要，构建科学合理的组织管理与资源配置方式。中心实行工程技术委员会指导下的主任负责制。中心管理体系分为三个层级，分别为工程技术委员会，中心主任、副主任，各研究分部负责人。中心下设 4 个研究分部，每个分部下设若干个研究室，负责开展具体的研发工作、咨询服务和应用推广工作。

地理环境监测部主要负责研究“天空地”一体化综合对地观测技术在水环境监测中的应用、珠江口海域水环境立体监测与预警技术、城郊农村生活污水分散式处理与资源化利用技术、农业面源污染负荷模型估算与控制技术集成应用。

农村生活污水治理部以村镇污水为主要研究对象，基于已有的专利技术，根据广东省村镇污水的特点和后续湿地系统对进水水质的要求，研发合适的生物预处理工艺，控制工艺处理进程，优化工艺运行参数。

种植污染管控部主要负责选育、引进玉米、水稻、香蕉等农作物新品种，以及相关技术的研究与示范推广。

农村养殖污染管控部主要负责在珠三角地区研究畜禽养殖业的时空变化及其对水环境风险影响、水产养殖优质鱼种资源培育、可控式高效循环水集装箱养殖系统的研发改造，为农村面源养殖污染的管控打下良好基础。

6. 武汉市农村污水处理工程技术研究中心

武汉市农村污水处理工程技术研究中心（以下简称“中心”）成立于 2007 年，2013 年获批武汉市属工程技术研究中心，依托湖北大学资源环境学院组建。中心现有研究人员 18 人，近 3 年共完成科研和技术服务项目 58 项，发明或改进了生物浮岛、自然循环、组合湿地、低浓度污水处理、养殖废水处理等专有技术，获省部级科技成果奖励 4 项，获批专利 29 项，发表论文 110 余篇，为湖北农村水环境治理作出了较大的贡献。中心主要研究领域有水环境调查与保护方案设计、微污染水体净化技术与设备研发、农村面源污染控制技术研发、局域安全供水技术开发等。

7.1.2　主要企业研究平台形式

1. 设立企业农村村镇污水治理技术研究中心

提倡设立企业村镇污水治理技术研究中心，针对不同地区村镇污水治理项目开展相关技术研究，因地制宜确定适合的农村污染控制技术与管理模式，为企业及行业提供相关技术支持。研究中心重点关注对受损水生态与水环境系统进行科学修复，其作用一方面是为了研发出一批具有自主知识产权的农村污水治理技术，为行业提供在村镇污水治理领域的理论支撑与技术储备；另一方面，希望充分发挥科技优势，深化农村污水综合治理技术及相关管理与政策研究，通过关键技术研究、技术集成和应用示范，形成领先的技术系统和管理模式。

2. 设立企业院士工作站、联合实验室

提倡与高等院校、研究机构合作成立院士工作站、联合实验室，着力于企业农村污水治理的思路提升和村级小型化、分散化、智能化的产品开发，开展农村污水治理与资源化利用技术成果引进和再创新。根据不同院校、研究机构的特点，充分发挥其专业技术领域特长和技术影响力，开展农村污水处理技术研究与应用，参与科技部重点研发计划“绿色宜居村镇技术创新”重点专项中“华北东北村镇资源清洁利用技术综合示范”课题项目，打造全国性示范课题和科技创新示范基地。形成产学研模式，研发出适合农村污水特性的核心技术装备，广泛应用于农村污水治理项目中。

7.2 农村污水治理工艺设备产业链结构

7.2.1 水泵

1. 外商某水泵系统有限公司

1）企业概况

外商某水泵系统有限公司是全球领先的水泵和水泵系统供应商，产品主要用于商业楼宇、市政水务以及工业领域。历经140年的发展历史，致力于开发将人、产品和服务进行连接的智能解决方案。

2）主要技术产品

该公司的主要产品是Wilo－FA、PD、SA潜水排污泵，主要技术参数：出口口径DN32~DN100；电机功率大于180 W；绝缘/防护等级F（155 ℃）/H（180 ℃），IP68；流量最小为100 L/min；一般泵体涂层适用于介质pH值6~9，泵送介质温度最高40 ℃；特殊带陶瓷涂层可输送介质pH值4~10，泵送介质温度最高60 ℃。可针对外部工况要求的工作特点，对水力性能进行最优化调整。

3）典型应用场景项目

适用于泵送密度小于或等于1100 kg/m^3、含固量小于8%的液体。主要应用场景有：污水/雨水泵站（含IPS一体化泵站）、市政污水/工业废水处理厂泵站、给水厂原水输送泵站、建筑物排水泵站、工业循环水（排水、冷却水）泵站等。

4）技术（产品）优势

（1）机械轴封。

内含盒式密封式双机械轴封或串联式双机械轴封。

（2）电进线。

NSSHOEU动力电缆可承受高机械荷载。

（3）不锈钢螺纹连接V2A/V4A。

采用不锈钢螺纹连接，拆卸迅速，费用低。

（4）静耐磨环和动耐磨环。

不锈钢的静耐磨环和动耐磨环保护泵壳及叶轮不受早期磨损。

（5）代表业界电机技术趋势的全封闭内部循环冷却系统。

独立的冷却循环系统和独立电机腔的双腔室系统，可提高运行可靠性；电机产生的热量经热交换器高效传给泵送介质，可降低冷却液的温度，为电机提供最佳冷却，无论潜没式安装还是暴露在空气中都能高效稳定运行；电机泵轴通过油脂润滑钢架聚酰胺齿轮与冷却循环系统驱动泉叶轮耦合，寿命超过 50 000 h；密闭内部冷却循环系统，所充填冷却液由叶轮直接驱动；污水不能渗入冷却循环，保证高可靠性；密封腔与电机腔不联通，保护电机不受影响；所填充水/乙二醇为环保型冷却液，不会污染环境。

2. 上海某泵业（集团）有限公司

1）企业概况

上海某泵业（集团）有限公司是一家集设计、生产、销售泵于一体的大型综合性泵业集团，总资产达 38 亿元，在上海、浙江、河北、辽宁、安徽等省市拥有 7 家企业、5 大工业园区，占地面积 67 万 m^2，建筑面积 35 万 m^2。集团现有员工 7000 余人，其中工程技术人员 1200 名，主要由国内知名专家、教授、博士、硕士、中高级工程师、高级工艺师组成，其中享受国务院政府特殊津贴 2 人、教授级高级工程师 3 人、高级工程师 23 人、博士 8 人、硕士 25 人，形成了具有创新思维的人才梯队结构，为集团“技术领先”的发展战略提供了有力保障。

2）主要技术产品

该公司生产的潜水排污泵产品，用于农村污水处理的主要是 WQ 系列，是经消化吸收国内外同类先进产品的优点，进行综合性优化设计而推出的全新超强抗堵塞、无过载、高效可靠的排污泵产品。

产品规格口径 40~600 mm，扬程 8~50 m，流量低至 5 m^3/h，功率低至 0. 37 kW。该产品采用无堵塞大通道式叶轮，并具有无过载特性，特有密封装置、轴承重载设计和最小径向力结构设计，使产品运行相当稳定可靠，寿命可达到国外先进产品标准。该泵有自动耦合、干式、移动式等 5 种安装方式，并配有自动控制柜，高品质、全方位的设计使 WQ 新系列产品全面节省泵站投资和运行费用。

3）典型应用场景项目

WQ 系列潜水排污泵主要用于市政工程、楼宇建筑、工业排污和污水处理场合，排送含固形物和长纤维的污水、废水、雨水等。

4）技术（产品）优势

（1）实现数据数字化、智能化。

智慧型潜水泵拥有完备的水泵运行状态数据采集系统。通过信号采集箱或智慧控制柜，数据传输到智慧云平台，实现在网水泵运行状态数字化、信息化、指标可视化。

（2）全扬程无过载。

①轴功率曲线平坦或呈抛物线状点。

②节能环保，可防止出现大马拉小车。

③运行可靠，偏低扬程大流量泵不会超电流。

（3）高效节能。

WQ 系列产品取得中国质量认证中心颁发的中国产品节能认证证书一级能效等级。

（4）高配置。

①采用进口 SKF 轴承，降低故障率，延长使用寿命，设计计算 10 万 h。

②采用博格曼机封，降低机封磨损破损率，保护电机正常使用，避免进水烧毁电机。

③针对污水处理中零件耐磨损的特点，选材远优于普通 HT 材质。

④在普遍有电机腔进水监测、油室进水监测情况下，在大泵上增加接线盒腔进水监测。

⑤在普遍有电机绕组监测情况下，再增加轴承温度监测，并将开关量转化为模拟量，数字显示直观感受。

⑥从水泵安全高效运行出发，将水泵测振纳入检测范畴，用于故障前兆的预判，同时振动大小反映了水泵运行是否处于高效区，是否偏离工况。

⑦在普通 F 级绝缘程度上再提升一级，极限承受温度达 180 ℃，提高了水泵低水位运行电机的耐热性，延长了使用寿命，可以低水位运行。

（5）高可靠性。

具有延长机械密封使用寿命的泵盖结构，具有增强密封性电缆密封结构。

（6）可提供泵站的流体动力学（CFD）分析。

可以为客户提供前池设计、设备布局分析、悬空高度分析、最低淹没深度分析等，为客户提供优化合理的建议，降低水泵运行不稳定风险。

3. 南方某环境股份有限公司

1）企业概况

南方某环境股份有限公司是一家生态环境综合治理服务企业，涉及制造业、工程咨询设计、污水及污泥、危固废处置四大板块业务，主要开展水泵制造，水处理系统设计，设备安装、调试及技术服务，环保咨询，工程设计及施工等业务，营销网络遍布全球。旗下拥有高新技术企业 14 家，拥有专利 400 余项，具备集环保行业一体化、一站式服务于一体的完整产业链，致力于成为客户高度信赖的环境装备与技术服务提供商。

该公司是全国最早研发并规模化生产不锈钢冲压焊接离心泵的企业，是目前国内不锈钢冲压焊接离心泵领域产销量最大的专业生产厂家，并在湖南、广东等地设有水泵、油泵的生产基地。其水泵产品的系列种类、销售总量、产品质量均排在国内同行业首位，也是行业内率先研制、生产、销售管网叠压成套设备的企业。公司建立了完善的营销服务网络，在不断满足国内市场需求的同时积极开拓海外市场，产品广泛应用于增压、工业供排水、生活供水、空调水循环、供暖、消防系统、地下水抽取、污水废水处理、化工行业和海水淡化等诸多领域。其主导产品有：CDL、CDLF 系列不锈钢轻型多级离心泵；CHL、CHLF、CHLFT 系列不锈钢轻型多级离心泵；NFWG 无负压变频供水设备、DRL 恒压变频供水设备。其中 CDL42 轻型立式多级离心泵、CHL 轻型卧式多级离心泵先后被列入国家火炬计划项目。该公司生产的 CHLF 系列轻型卧式多级离心泵，CHLK 系列空调专用泵，WQ 系列污水污物潜水电泵，SJ 系列不锈钢多级深井潜水电泵，QY 系列自吸式气液混合泵，CDLK 系列浸入式多级离心泵，TD 系列管道循环泵，MS、MSS 系列轻型不锈钢卧式单级离心泵，NISO 系列端吸离心泵，ZS 系列不锈钢卧式单级离心泵，SWB 系列不锈钢卧式单级离心泵，SP 系列无堵塞自吸式排污泵，VMHP 系列海水淡化高压泵，NSC 单级双吸中开式离心泵，VTP 立式长轴透平泵等系列产品的性能指标均处于国内领先水平。

2）主要技术产品

该公司的主要产品是 WQ、JYWQ 污水污物潜水电泵，是将国内外 WQ 系列同类产品经过筛选、改进，克服其存在的不足开发而成的，在水力模型、密封技术、机械结构、保护控制等方面进行了合理优化和创新设计，使之更可靠安全、轻便实用、寿命长、排污性能好。整个系列产品型谱合理，选型方便，配备潜污泵专用电控柜来实现其保护和自动化控制。

WQ、JYWQ 系列污水泵适用条件：①介质温度小于 40 ℃，pH 值 4~10，介质密度小于 1200 kg/m³，输送介质的固相物的容积比小于 2%。②最低液位符合安装尺寸图中的最低液位标识。③不适用于强腐蚀流体和强磨蚀固体颗粒的介质。

3）典型应用场景项目

适用于房建工程、市政工程、工厂排污、小型污水处理等场合排送含有固体颗粒、长纤维的废水、雨水、污水。

4）技术（产品）优势

（1）经过模型筛选，性能优化，双通道叶轮由二至三道机械密封合理排列，使机械密封润滑，冷却更理想，运行平稳无堵塞，过流能力好。

（2）对传统机封加以改进，采用串联机械密封，轴封更可靠，使用寿命更长。

（3）对结构设计进行优化，泵运转平稳，抗振动，耐跌落，可靠性更高；泵更轻便实用，更耐腐蚀、耐磨耗。

（4）电机防护等级采用 IPX8，潜水电机冷却效果好，温升比普通电机低，耐用性进一步提高，F 级绝缘促使电机使用寿命更长。

（5）电机内设有多种保护装置，可方便用户优化选择。

7.2.2　曝气风机

1. 江苏某风机机械有限公司

1）企业概况

江苏某风机机械有限公司主要生产和销售罗茨鼓风机、回转式鼓风机、单级高速离心风机、多级离心风机、空气悬浮离心风机、磁悬浮离心风机、玻璃钢风机、MVR 风机、真空泵、水泵等产品，同时经销日本进口新明和水泵。产品用于环保水处理、建材水泥、化工、电力、石油、钢铁、冶金、矿山、粮食输送等行业，销往全国各地，并出口到多个国家和地区。该公司已形成了年生产销售各类鼓风机、水泵 30 000 多台（套），产值 4 亿元的规模。

2）主要技术产品

该公司的主要产品是 BK 系列叶轴一体三叶罗茨鼓风机，其主要特点有：①同步齿轮采用斜齿轮结构，传动平稳。②结构紧凑，进出风口结构相同，安装方式灵活多变。③轴承结构更合理，使用寿命长。④噪声低、振动小、体积小、能耗低。

3）典型应用场景项目

BK 系列叶轴一体三叶罗茨风机主要用于环保、电力、建材、气力输送等诸多行业。

4）技术（产品）优势

BK 三叶罗茨风机采用了叶轴一体结构，即叶轮和轴采用球墨铸铁一体铸造而成，而国内或国外其他风机叶轮和轴为分体结构的，叶轮一般采用普通灰铸铁，轴的材料为钢。

球墨铸铁比灰铸铁强度高、耐磨性好、韧性好，并具有较高的抗冲击性能。

2. 山东某机械工业有限公司

1）企业概况

山东某机械工业有限公司是中外合资企业，其中日方投资占60%，中方投资占40%。

2）主要技术产品

该公司生产的主要产品是SSR系列HB、T型号三叶型罗茨鼓风机，其流量0.6~80 m^3/min，升压9.8~78.4 kPa，共22个机型，220种规格。该风机的显著特点是：体积小、重量轻、流量大、噪声低、运行平稳可靠。该风机主要用于水处理、气力输送、真空包装、水产养殖等行业。SSR系列三叶罗茨风机是在长年制造销售罗茨风机的基础上采用新技术开发的新产品，通过在叶轮上采用新型线，使总绝热效率和容积效率进一步提高，是风量和压力特性特别优良的风机。所谓效率优良，就是风机自身的发热量减少，即温度上升值下降，各种机型在干燥状态下使用的排风压力可达0.06 MPa。

该系列产品的主要技术参数为：风机口径50~200 mm A，风量0.8~56 m^3/min，压力0.01~0.06 MPa，电机功率0.75~90 kW。

3）典型应用场景项目

SSR系列罗茨鼓风机主要用于水处理、气力输送、真空包装、水产养殖等行业。

4）技术（产品）优势

（1）HB型罗茨鼓风机在78.4 kPa升压范围内运行时，无须冷却水。

（2）叶片螺旋角度20°以上的固定螺旋方式。机壳的进排风屏蔽线切入螺旋，以转子顶端光面线构成的三角形进排风口，通过转子的旋转而循序打开。

（3）因为转子是三叶直线形，所以它不像螺旋式转子那样，因轴向微小变位而使转子相互接触。因此，只在剖面上保证转子间的间隙即可，不需要像转子螺旋式那样再加上轴向变位，以致间隙过大。这种风机的效率比相同尺寸的转子螺旋式风机好得多。

（4）因转子采取特殊外形，便于保持转子间的间隙，使效率进一步提高。

（5）因使用精密数控机床批量生产转子，并对精度管理采取了完善的措施，所以，各台风机之间完全没有性能误差。另外，转子在制造过程中已呈平衡状态，所以转子不会残留微小的不平衡。该机几乎完全没有振动。

（6）采用最高级驱动齿轮，不仅使寿命得到延长，而且实现了低噪声化。该齿轮采用特殊Cr-Mo钢经适当淬火处理，严格按照JISI级齿轮精度精研削制造，将来自齿轮对产品的不良干扰完全排除。

3. 上海某机电工业有限公司

1）企业概况

上海某机电工业有限公司通过与外商某产业株式会社合作，引进隔膜鼓风机的生产设备和技术，主要设计、生产小型污水处理、水产养殖、医疗器具等空气源的电磁式隔膜空气泵及各种通风设备，销售相关产品，提供售后服务，除我国外，产品主要销往东南亚、欧洲等地区以及美国、日本等国家。

2）主要技术产品

该公司的主要产品为SECOH（世晃）隔膜式空气泵。该空气泵的工作原理是通过交变电流产生交变磁场，使磁铁来回振荡，带动振动膜振动，产生压缩空气。磁铁以等同电源频率在电磁场之间来回运动，磁铁振荡时，连接着振动膜，改变阀箱的容积，产生压力和真空。隔膜式空气泵结构示意图见图 7-1。

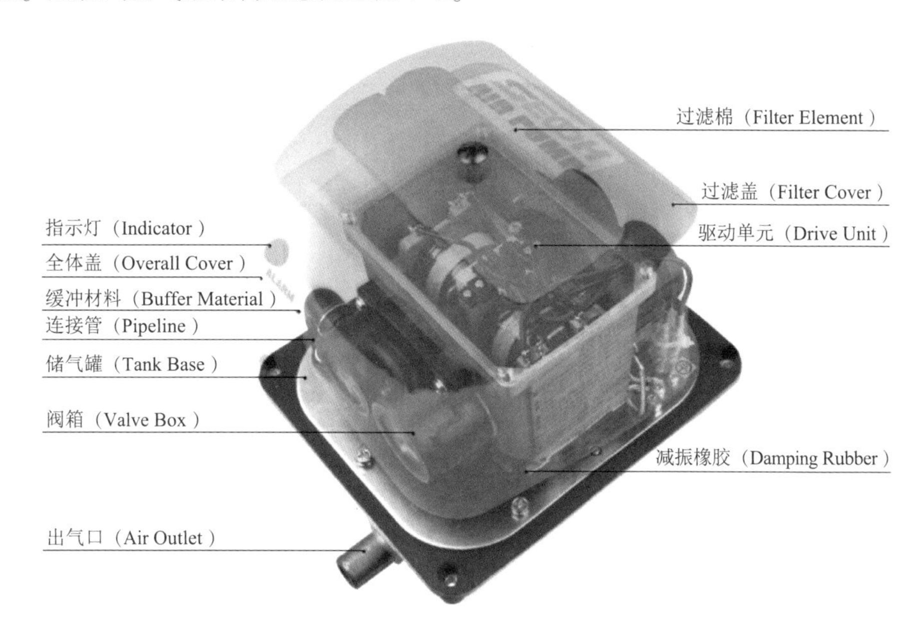

图 7-1　隔膜式空气泵结构示意图

3）典型应用场景项目

隔膜式空气泵作为小型生活污水处理装置以及水产养殖、医疗器具等空气源，广泛应用于电子、电力、冶金、煤炭、石油化工、制药、纺织、隧道、建材、食品、造纸、核电、轻工、船舶、大楼通风、国防、空分、天然气输送、工业污水处理等行业。

4）技术（产品）优势

高效率；低噪声；100%无油；长寿命；低耗能；低振动；防雨，无须遮盖物；易维护；过载保护。

4. 某合资机械有限公司

1）企业概况

某合资机械有限公司技术源自中国台湾，是一家深耕大陆环保市场超过 20 年的企业。专业从事各种水泵、机组及污水处理设备的研发、生产、销售，同时致力于向广大用户提供污水处理整体解决方案和技术服务。近年来，公司以精良的产品和优秀的服务荣膺“污水处理设备及服务标杆企业”“中国污水处理设备十大品牌”和“明星泵阀企业品牌”等称号。

2）主要技术产品

该公司的主要产品是 SRB 沉水式罗茨鼓风机，功率 0.75～15 kW，口径 40～150 mm。

SRB 沉水式罗茨鼓风机是一种容积式风机，在机壳内部设置有两组互朝相反方向回转的叶轮，在叶轮与叶轮以及叶轮与壳体间仅留极小缝隙的状态下回转。当叶轮经过吸入端时，叶轮与壳体之间捕捉一定量的空气，随叶轮旋转的气体在离心力的作用下产生压力，压力逐渐升高再送至出口端。沉水式罗茨鼓风机布置示意图见图 7-2。

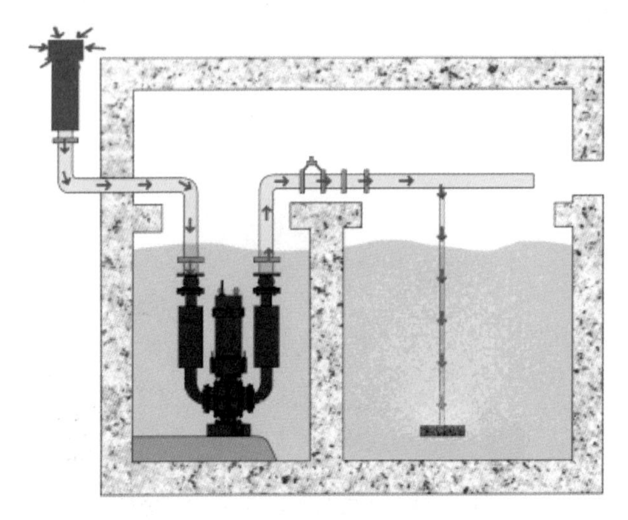

图 7-2 沉水式罗茨鼓风机布置示意图

3）典型应用场景项目

SRB 沉水式罗茨鼓风机是在陆上型罗茨鼓风机技术基础上开发的产品，因其潜水式安装、占地面积小、水冷运行、噪声小等优势，广泛应用于河道治理、水产养殖、一体化污水处理、工业废水处理、小区生活污水处理等各类污水处理的曝气增氧。

4）技术（产品）优势

（1）安装简便、占地空间小。

风机安置在水槽中，无须固定底座，配管短，占地小。与使用陆上型风机相比，无须另建设风机房，系统空间利用率高，节约整体成本。

（2）低噪声、节约降噪投入。

沉水式罗茨鼓风机在水下运行，声音在空气和水的界面被折射入水里，噪声低，无须额外增加降噪设施投入。

（3）高效率、低故障。

沉水式罗茨鼓风机采用联轴器连接，传动效率高，无须皮带维护，降低故障发生频率。

（4）散热好，使用寿命长。

整机水下运行，比陆上型风机散热降温效果更好，延长鼓风机使用寿命。

7.2.3 浸入式膜

1. 天津某膜科技股份有限公司

1）企业概况

天津某膜科技股份有限公司是一家拥有膜产品研发及生产、膜设备制造、膜应用工程设计施工和运营服务完整产业链的高科技企业，于 2012 年 7 月 5 日在深交所上市，是国内首家以膜产品为主营业务的上市公司。作为我国第一支中空纤维膜组件诞生地，公司已服务市政给水和污水处理及回用、工业给水和废水处理与回用、海水淡化、饮用水净化、生物制药净化、浓缩及分离处理等多个领域，产品远销欧美、中东、东南亚等地区。截至 2020 年底，该公司膜法水处理规模已达到 1800 万 t/d。

2）主要技术产品

该公司的主要产品为膜生物反应器（MBR），采用了把膜技术与污水处理中的生化反应结合起来的新兴技术，也称作膜分离活性污泥法。该技术最早出现在 20 世纪 70 年代，目前在世界范围内得到广泛应用。

膜生物反应器的原理是利用膜对生化反应池内的含泥污水进行过滤，实现泥水分离。一方面，膜截留了反应池中的微生物，使池中的活性污泥浓度大大增加，达到很高的水平，使降解污染物的生化反应进行得更迅速、更彻底；另一方面，由于膜的高过滤精度，保证了出水清澈透明，得到高质量的产水。

3）典型应用场景项目

膜生物反应器技术是高效膜分离技术与活性污泥法相结合的新型污水处理技术。膜单元直接浸没在活性污泥与水的混合液中，生化池后不需设置二沉池，也不需设置后续的过滤系统，从而减少了占地面积，是现代化的、高效的水处理系统，可满足工业及市政污水处理量不断增长的需求，大幅提高污水深度处理后的水质。

4）技术（产品）优势

（1）膜材质为 PVDF，自身抗污染能力强，不易被污染物黏附，易清洗，适于污水处理。

（2）由于膜的高效截流作用，微生物完全截流在反应器内，实现了反应器中微生物的水力停留时间（HRT）和污泥龄（SRT）完全分离，使运行控制更加灵活稳定。

（3）污泥龄长，有利于增殖缓慢的硝化细菌的截流、生长和繁殖，系统硝化效率得以提高。

（4）反应器内污泥浓度适用范围大，可达 12 000 mg/L，生化效率高，耐冲击负荷强。

（5）反应器在高容积负荷、低污泥负荷、长泥龄条件下运行，剩余污泥排放量小。

（6）出水水质好，浊度小于 1NTU，可满足一般回用水品质要求。

（7）节省占地、模块化、自动化。

（8）膜分离使污水中的大分子难降解成分在生物反应器内有足够的停留时间，大大提高了难降解有机物的降解效率。

（9）采用铆钉式织物增强型 PVDF 帘式膜组件，膜丝拉伸强度大于 300 N，具有优质的抗污染性能和高通量，界面结合好，不产生剥离。

2. 北京某科技股份有限公司

1）企业概况

北京某科技股份有限公司是中关村国家自主创新示范区高新技术企业，坚持以自主研发的膜技术解决“水脏、水少、饮水不安全”三大问题，并为城市生态环境建设提供整体解决方案。

该公司是一家集膜材料研发、膜设备制造、膜工艺应用于一体的高科技环保企业，已发展为全球一流的膜设备生产制造商和供应商之一。公司在北京建有膜研发、制造基地。

其核心技术包括微滤膜（MF）、超滤膜（UF）、超低压选择性纳滤膜（DF）和反渗透膜（RO），以及膜生物反应器、双膜新水源工艺（MBR－DF）、智能一体化污水净化系统（ICWT）等膜集成的城镇污水深度净化技术。该公司年生产微滤膜和超滤膜 1000 万 m^2、纳滤膜和反渗透膜 600 万 m^2，以及 100 万台以上的净水设备。目前已形成市政污水和工业废水处理、自来水处理、海水淡化、民用净水、湿地保护与重建、海绵城市建设、河流综合治理、黑臭水体治理、市政景观建设、城市光环境建设、固废危废处理、环境监测、生态农业和循环经济等全业务链。

该公司承担了国家科技重大专项水专项、“863”计划、科技支撑计划、重点研发计划等国家课题，公司建有院士专家工作站、博士后工作站、美国工程院院士 David Waite 教授工作站、李锁定创新工作室、国家工程技术中心，并先后与清华大学、澳大利亚新南威尔士大学等成立联合研发中心，落户了中国境外首个火炬创新园区——澳大利亚新南威尔士大学火炬创新园，并牵头组建了膜生物反应器产业技术创新战略联盟、水处理膜材料及装备产业技术创新战略联盟等。

2）主要技术产品

该公司的主要产品是中空纤维帘式微滤膜组件（RF 系列），是 MBRU 膜生物反应器组件的核心组成部分，采用企业自主研发的纤维增强型微滤（RF）膜丝制成。膜丝特有梯度网络膜孔结构，孔径分布均匀，是国家“十二五”水专项重大标志性成果，性能处于世界领先水平，获得“北京市发明专利奖”“中国专利奖”。

膜生物反应器单元组件（Membrane Bio-Reactor Unit，MBRU）是 MBR 技术的核心产品，该公司研发的最新一代 MBRU 产品采用槽式集气脉冲曝气技术、三位集水技术，是国家“十二五”水专项重大标志性成果，性能处于世界领先水平，入选“国家鼓励发展的重大环保技术装备”“国家火炬计划项目”，先后荣获“国家重点新产品”“国家战略性创新产品”“国家重点环境保护实用技术”“国家自主创新产品”“制造业单项冠军产品”等科技荣誉，并获得“教育部科技进步奖一等奖”“国家科技进步二等奖”等奖项。

3）典型应用场景项目

（1）城镇污水处理与资源化（新建或改造，改造无须新增用地即可实现扩容提标）。

（2）工业园区污水处理。

（3）农村高标准污水处理。

（4）医院废水处理。

（5）其他与城镇污水水质相似的污（废）水处理。

4）技术（产品）优势

（1）出水水质高。膜丝孔径分布均匀，过滤精度高，出水浊度低于 1NTU。

（2）抗污能力强。膜丝特有梯度网络膜孔结构，膜丝表面光滑度高，抗污染性好，易清洗恢复。

（3）运行能耗低。采用槽式集气脉冲曝气技术、三位集水技术，单位产水吹扫能耗仅 0.13 $kW \cdot h/m^3$，低于行业平均水平。

（4）占地面积小。膜池平均水力停留时间低于 1.2 h。

（5）操作维护易。复合亲水改性技术，可实现干态保存，易于存储、运输和清洗维护。

(6) 使用寿命长。膜产品采用纤维增强复合制膜技术，膜丝断裂应力达 200 N 以上，使用寿命 5 年以上。

3. 江苏某膜科技有限公司

1) 企业概况

江苏某膜科技有限公司是一家集分离膜制作、设计安装、科技开发于一体的公司，在微滤、超滤等分离膜技术领域有着雄厚的生产和技术实力，在膜工业领域和资源循环再生利用领域中占据重要位置，为我国的工业用水、中水回用、废水处理以及全民健康饮水和节能减排等工程作出了突出贡献。

该公司以国内著名院校和科研机构为技术依托，聚集国内知名膜专家，对膜领域的发展方向、分离膜新产品的研发及应用推广给予前瞻性指导，引领着膜工业的创新发展方向。

公司在发展过程中不断追求卓越，先后取得“十大名膜企业”“十大名膜创新企业”“江苏省高新技术企业”等荣誉，并获得多项发明专利和实用新型专利，引领着平板膜工业的创新发展方向。

目前公司拥有中空纤维超滤/微滤膜、膜生物反应器等国际分离膜最优制备技术，具备年产中空纤维超滤、微滤膜面积超万平方米的生产能力。

2) 主要技术产品及型号

该公司的主要产品是 DF 高通量平板膜元件。该元件由 ABS 支撑基板、PET 导流布、PVDF 滤膜通过超声波焊接构成。平板膜元件实物图见图 7-3，平板膜元件结构示意图见图 7-4，平板膜元件参数见表 7-1，平板膜膜组件规格参数见表 7-2。

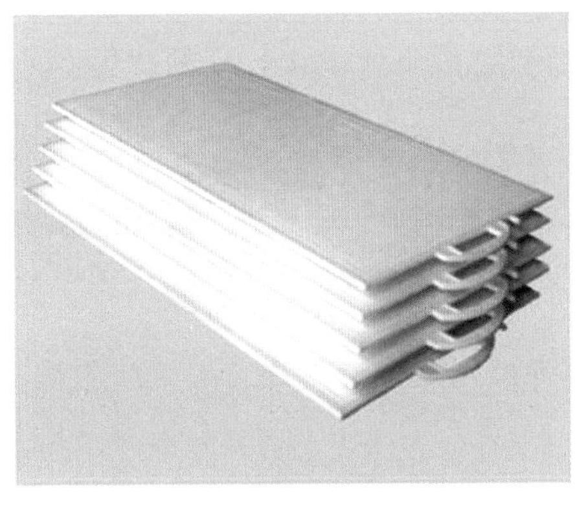

图 7-3　平板膜元件实物图

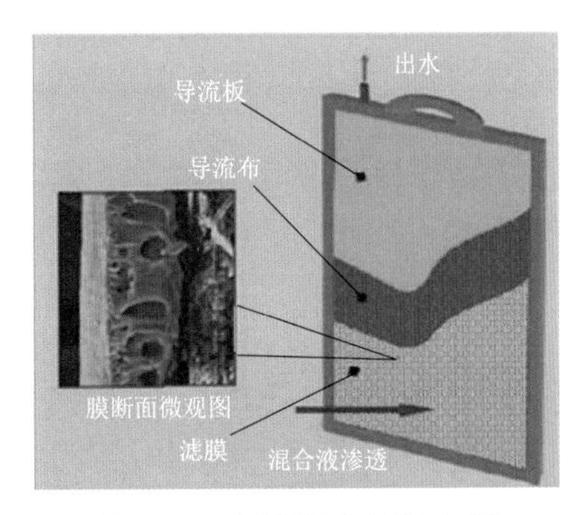

图 7-4　平板膜元件结构示意图

表 7-1　平板膜元件参数

型号	有效膜面积（m^2/片）	外形尺寸 $L\times B\times T$（mm×mm×mm）	重量（kg）	膜孔径（μm）	滤膜材质	产水量（L/片·d）	膜气量（L/片·min）	pH 值	出水浊度（NTU）	出水悬浮物（mg/L）
DF-150	1.5	510×1790×7	5.5	0.1	聚偏氟乙烯 PVDF	600~900	10~13	3~12	<1.0	≤1

续表

型号	有效膜面积（m^2/片）	外形尺寸 $L×B×T$（mm×mm×mm）	重量（kg）	膜孔径（μm）	滤膜材质	产水量（L/片·d）	膜气量（L/片·min）	pH 值	出水浊度（NTU）	出水悬浮物（mg/L）
DF-80	0.8	490×1000×7	3.5	0.1	聚偏氟乙烯 PVDF	320~480	9~12	3~12	<1.0	≤1
DF-30	0.3	400×500×6	1.2	0.1	聚偏氟乙烯 PVDF	120~180	3~7	3~12	<1.0	≤1
DF-10	0.1	220×325×6	0.4	0.1	聚偏氟乙烯 PVDF	40~60	1~3	3~12	<1.0	≤1

表 7-2　平板膜膜组件规格参数

型号	产水量（m^3/d）	膜元件数量（片）	膜面积（m^2）	外形尺寸 $L×B×H$（mm×mm×mm）	重量（kg）	框架材质	曝气管材质	集水管材质
DF80-100	32~48	100	80	1600×600×1700	450	不锈钢	UPVC	UPVC
DF150-100	60~90	100	150	1600×630×2500	700	不锈钢	UPVC	UPVC
DF150-150	90~135	150	225	2350×630×2500	1000	不锈钢	UPVC	UPVC

DF 高通量平板膜元件的特点如下：

（1）以化学性能和机械性能稳定的 PVDF（聚偏氟乙烯）作为滤膜主体材料。

（2）先进的制膜工艺、优良的检测设备，保证滤膜上形成 0.1μm 的孔径，保证了膜的高通量和产水质量。

（3）合理的多通道布局基板，形成完美的水体流场曲线通道。

DF 膜组件由膜元件箱（上部）和曝气箱（下部）构成，膜元件箱内设有通过软管与集水管相连的膜元件，曝气箱内设置有曝气管，每一个膜元件可以单独插入和抽出，便于维护保养。

3）典型应用场景项目

（1）市政污水处理及中水回用。

（2）医院污水处理及中水回用。

（3）住宅小区、风景旅游区、高速公路服务区生活污水处理等。

（4）化工、石油、化纤废水、酿造、啤酒、印染、电镀等工业废水处理。

（5）污水厂排放水质提标改造、处理能力扩容改造以及各种中水回用的场合。

4）技术（产品）优势

MBR 工艺和传统活性污泥法相比有显著的优势，如在 MBR 工艺中，活性污泥浓度一般控制在 7000~18 000 mg/L，这相当于传统污泥系统污泥浓度的 5 倍。因此，MBR 工艺的生化处理效率得到极大提高，反应池占地面积可节约 60%。另外，由于膜组件代替了澄清和过滤等深度处理工艺，因此节约了整个污水处理厂的占地面积。

一般来说，经过 MBR 工艺处理的污废水几乎检测不到悬浮物，浊度小于 1 NTU。由于结合了膜分离技术的生化处理工艺，MBR 产水几乎可以应用于所有非饮用型回用水领域，如农业绿化灌溉、锅炉补给水（RO 预处理）和工业工艺设备给水等。同时 MBR 工艺可以有效减少病原性细菌的存在，例如大肠杆菌和隐孢子虫属。

通过省去初沉池和澄清池等处理单元，MBR 集成为一个一体化工艺来运行，无须污泥沉淀，也无须投加化学药剂（如絮凝剂和混凝剂），因此也就取消了传统情况下需要的化学药剂投加系统。

此外，通过取消受污泥浓度和性状影响较大的污泥沉淀池，可以使水质取样和分析化验的次数达到最小。总体上，MBR 工艺可以有效减少工作量，同时 MBR 工艺易于操作，运行稳定。

7.2.4　加药计量泵

1. 某合资流体控制有限公司

1）企业概况

某合资流体控制有限公司为外国法人独资，公司分布在上海、大连。

2）主要技术产品

该公司的主要产品是电磁隔膜计量泵。该计量泵在背压 0.2～2.5 MPa 时使用的流量范围为 0.74～80 L/h。其工作原理是：磁体通过接通和断开来回移动磁轴，这一冲程运动传递到计量头中的计量隔膜上，两个止回阀可防止计量介质在泵送过程中回流。电磁隔膜计量泵的计量流量可以通过冲程长度和冲程频率进行精确调节。

3）典型应用场景项目

饮用水处理：消毒剂加药。

冷却循环系统：阻蚀剂和杀虫剂的加药。

废水处理：凝结剂加药。

造纸业：添加剂加药。

塑料生产：添加物加药。

4）技术（产品）优势

电磁隔膜计量泵由于仅使用了唯一一个运动部件，驱动器几乎无损耗。泵在无润滑轴承或轴的情况下也可以工作，因此，维护和维修成本非常低，耐久性能出色。

2. 某环保科技（上海）有限公司子公司

1）企业概况

某环保科技（上海）有限公司子公司成立于 20 世纪 40 年代初期，发明了 Wilson 化学品进料设备——世界上第一台液压驱动隔膜计量泵，后续扩展到电磁隔膜计量泵系列，可为全世界的客户提供最完善的流体解决方案。该公司是一家拥有全球性生产、设计和销售能力的多元化制造企业，主要生产 EPO 工业化非标准产品。

2）主要技术产品

该公司在农村污水领域常用的计量泵有 LB、LM、LC、LE、LP 等系列电磁隔膜计量泵，100、150、200、100D、150D、200、250 等系列机械隔膜计量泵。

3）典型应用场景项目

（1）清洗行业清洁剂添加。

（2）水厂的原水混凝处理。

（3）游泳池和楼宇空调循环水处理。

（4）食品及饮料行业添加剂的添加。

（5）造纸和纸浆行业增白剂的添加。

4）技术（产品）优势

（1）结构紧凑，外形轻巧，节约空间，便于移动。

（2）可添加 MPC 控制器。

（3）设计简约，易于安装和操作。

（4）运行高效，无噪声运行，标准风冷式电机设计。

（5）泵头材质多样，可选 PVDF、316 不锈钢及 PP 材质。

3. 上海某泵业制造有限公司

1）企业概况

上海某泵业制造有限公司是国内一家著名的集研制、开发、生产、销售、服务于一体的大型多元化企业。公司主导产品包括螺杆泵、隔膜泵、液下泵、磁力泵、排污泵、化工泵、多级泵、自吸泵、齿轮油泵、计量泵、卫生泵、真空泵、潜水泵、转子泵等类别。

该公司拥有国内高水准的水泵性能测试中心，产品全部采用 CAD 设计软件和 CFD 计算流体力学软件等先进设计手段设计，产品经过精密铸造、热锻压、焊接、热处理、精加工、装配等十多道工序制作，使用了先进的数控加工设备、等离子焊接机、全自动气体保护、半自动真空熔焊机、超频真空热处理设备、理化和探伤设备等各类高精密加工检测设备。公司产品多达 20 大类系列，1 万多种规格。

2）主要技术产品

该公司的主要产品是机械驱动隔膜式计量泵，适用于低压场合的流体计量。

该隔膜计量泵由于能用隔膜把过流液体与驱动润滑机构完全隔离，可利用柔性隔膜取代活塞，在驱动机构的带动下使隔膜作来回往复运动，改变泵腔容积，在泵进出口阀的作用下吸排液体。可按各种工艺流程的需要，流量在 0%～100% 范围内无级调节，定量输送不含固体颗粒的腐蚀性和非腐蚀性液体。

3）典型应用场景项目

产品广泛应用于工业生产、建筑城镇供水、环保污水处理、市政工程、食品制药、水利电力、石油船舶等多个领域。

4）技术（产品）优势

（1）在泵运行或停止时可任意调节流量，也可定量输出。

（2）性价比高，普遍适用于压力要求不高的水处理行业。

（3）多种材质泵头选择：PVC、PTFE、不锈钢 304、不锈钢 316。

（4）采用偏心机构，整体上完全无泄漏，可安置于药槽或管道上。

（5）铸铝壳体，散热性能高，整体重量轻，适用各种酸碱药液，无毒无味。

（6）使用最新型的 PTFE 与橡胶复合膜片，耐腐蚀性强，大大提高了膜片的使用寿命。

（7）隔膜计量泵为多层复合结构压制而成，第一层采用超韧性 Teflon 耐酸薄膜，第二层采用 EPDM 弹性橡胶，第三层采用厚度为 3 mm 的 SUS304 支撑铁芯，第四层采用强化尼龙纤维补强，第五层采用 EPDM 弹性橡胶完全包覆，可有效提升隔膜使用寿命。

7.2.5　曝气器

1. 某环境科技有限公司

1）企业概况

某环境科技有限公司于 1948 年成立于德国巴伐利亚州瑞好镇，在全球设有 180 多处销售办公室，44 个工厂，其中在中国有 1 个工厂、1 个培训中心和多个销售办公室。

2）主要技术产品

曝气器主要技术产品规格型号见表 7-3。

表 7-3　曝气器主要技术产品规格型号

产品外形	膜片类型	尺寸（mm）	空气分配管管径（圆管，mm）
曝气盘	硅橡胶 EPDM	直径：ϕ200、ϕ260、ϕ300	ϕ60. 3、ϕ63、ϕ88. 9、ϕ90、ϕ110、ϕ114. 3
曝气管	硅橡胶 EPDM PU	管径：64、92 膜片有效长度：500、750、1000	ϕ88. 9、ϕ90、ϕ110、ϕ114. 3

3）典型应用场景项目

硅橡胶曝气器和 EPDM 橡胶曝气器都适用于市政或工业废水处理，广泛应用于市政、食品工业（如牛奶、巧克力、淀粉生产等）、饮料工业、皮革处理、造纸业、纺织品清洗、矿物油处理等行业领域。

4）技术（产品）优势

（1）硅橡胶曝气器。

①不含增塑剂，不会因增塑剂的流失导致丧失橡胶的弹性，从而不易因橡胶疲劳而导致硬化和脆化。

②抗油性。因其化学惰性强，对油脂腐蚀的抵抗性（稳定性）明显高于其他类型橡胶。

③耐温性。可长期耐受 90 ℃的高温，在池深超过 9 m 的环境下也同样适用。

④被广泛运用于对长期运行安全性要求较高的领域，包括市政及工业行业环境治理，如城镇污水、石化、饮料、乳品、皮革、纺织、造纸等行业。

（2）EPDM 橡胶曝气器。

①硬度较低，在初始运行状态下膜片阻力损失较低。

②因投资成本低，被广泛运用于对一次性投资较为敏感，且水质相对良好的水厂。

2. 上海某环保有限公司

1）企业概况

上海某环保有限公司总部位于德国，是德国市场份额较大的微孔曝气设备制造商。30 多年的生产和工程经验，以及不断寻求发展的历程，使其曝气系统的技术和质量长期以来一直处于领先水平。目前，世界范围内已有几千家污水厂正在使用其生产的各种曝气器。

该公司主要面向亚洲市场提供产品和服务。作为在亚洲地区的技术服务中心，其拥有多名德国技术人员和接受过德国专业培训的中方技术工程师，可以提供优化的设计方案、现场技术支持以及无忧的售后服务。

产品包括微孔橡胶薄膜材质和陶瓷材质两大系列，根据应用场合的不同提供盘式、管式、板式及异形管等多种形状的曝气器，适用于市政污水处理厂和各种工业污水处理厂。橡胶薄膜材质曝气器使用寿命为5~10年，陶瓷材质曝气器主要应用于连续曝气工艺，其使用寿命可达20年以上。

2）主要技术产品

该公司主要曝气器产品为OXYFLEX系列薄膜微孔曝气器。OXYFLEX系列薄膜微孔曝气器的标准膜材料为EPDM膜，根据不同的水质状况，该公司还可提供氟橡胶涂层的EPDM薄膜、硅胶膜、聚氨酯膜、陶瓷等作为替换材料以满足各种水质的需要。

该系列曝气器所使用的膜片均采用德国原装进口膜片，其膜片配以专利微孔布局和打孔技术，使曝气器具有超高的氧转移率和动力充氧效率；曝气器支撑体等结构件由上海公司采用德国原厂相同技术标准制造，且有多项曝气器部件已获得我国政府的专利保护。此系列曝气器具有极佳的抗腐蚀性能和抗老化性能，以及良好的回弹性能。

3）典型应用场景项目

适用于市政污水处理厂和各种工业污水处理厂。

4）技术（产品）优势

（1）高氧转移效率和动力充氧效率。

（2）低压降，低运行费用。

（3）适宜微生物吸收的气泡尺寸。

（4）无倒灌、无堵塞、无腐蚀问题。

（5）膜的高回弹性。

（6）超长的使用寿命。

（7）快捷、方便的安装。

3. 江苏某环境工程有限公司

1）企业概况

江苏某环境工程有限公司提供Magnum ®曝气管、Standard ®曝气管、D-REXR ®曝气盘、AirRex ®模块化曝气管道系统等全系列原装进口的德国OTT品牌曝气设备及产品。在德国30多年水处理用曝气产品研发经验基础上，该公司为市政污水处理厂、工业废水处理厂提供了BIAOS-Lift ®提升式曝气系统、CTMS ®抽拉式曝气软管、BIAOS-Hang ®悬挂式可提升曝气系统等解决方案。

该公司科研团队20余年结合SED ®生物倍增工艺技术以及BioTAS软管曝气技术进行研究开发，可实现生化系统的低溶氧运行，同时可为生化曝气系统的提标改造、节能降耗、曝气系统不停产维修及更换、生化系统工艺优化提供系统诊断、工艺方案设计、设备提供、工程安装等多维度的全方位解决方案。

2）主要技术产品

该公司的主要产品为D-REX ®-FLEXLON ®曝气盘，其曝气盘可以安装在方形和圆形支管上，可变接头允许安装在20 mm内螺纹和外螺纹上，支架和夹紧环由玻璃纤维增强的

PP 制成，可承受高达 120 ℃（248℉）的温度，所有组件均耐甲酸。D-REX Ⓡ盘式曝气器可与乙烯丙烯橡胶 FLEXNORM Ⓡ或硅树脂 FLEXSIL Ⓡ或 OTT FLEXLON Ⓡ膜片一起使用。

3）典型应用场景项目

适用于市政污水处理厂和各种工业污水处理厂。

4）技术（产品）优势

（1）在池上边缘与池内水体交界处允许压缩空气温度高达 120℃。

（2）整个装载范围内的高效排气特性。

（3）良好的耐久性。

（4）良好的 UV 稳定性。

（5）坚固的设计。

（6）方便快捷的安装。

7.3　农村污水处理设施外体装配产业链结构

本节分别从材质、性能、环保、价格、回收利用、使用寿命等角度，对比分析碳钢、传统玻璃钢、聚乙烯、装配式混凝土等不同外体装配材质的优缺点及适用范围，整理出农村污水处理设施外体产品材质对比表（见表 7-4）。

表 7-4　农村污水处理设施外体产品材质对比表

主体产品材质	性能	环保	价格	回收利用	使用寿命	优点	缺点
碳钢	碳钢的性能主要取决于含碳量。含碳量增加，钢的强度、硬度升高，塑性、韧性和可焊性降低。与其他钢类相比，碳素钢使用最早，成本低，性能范围宽，用量最大。适用于公称压力 $P_N \leqslant 32.0$ MPa，温度为 -30~425 ℃的水、蒸汽、空气、氢、氨、氮及石油制品等介质	环保性能良好	3000 ~ 5000 元/t	可回收利用	使用寿命可达 10 年以上	强度高，制作安装方便	需要考虑采用防腐措施
传统玻璃钢	玻璃钢具有良好的介电绝缘、隔热、吸水、热膨胀等性能。玻璃钢密度介于 1.5 ~ 2.0 之间，只有普通碳钢的 1/5 ~ 1/4，比轻金属铝还要轻 1/3 左右，而机械强度却很高，某些方面甚至能接近普通碳钢的水平	环保性能较差	10 000~ 20 000 元/t	不可回收利用	使用寿命可达 20 年以上	相对密度在 1.5 ~ 2.0 之间，只有碳钢的 1/5 ~ 1/4，可是拉伸强度却接近；耐腐蚀；绝缘性能好；热性能良好	弹性模量低；长期耐温性差；存在老化现象；剪切强度低

续表

主体产品材质	性能	环保	价格	回收利用	使用寿命	优点	缺点
聚乙烯	聚乙烯无臭、无毒，手感似蜡，具有优良的耐低温性能（最低使用温度可达 -100~-70 ℃），化学稳定性好，能耐大多数酸碱的侵蚀（不耐具有氧化性质的酸）。常温下不溶于一般溶剂，吸水性小，电绝缘性能优良	环保性能良好	6000 ~ 10 000 元/t	可回收利用	使用寿命可达 20 年以上	化学稳定性好，耐腐蚀	强度低，使用寿命短
装配式混凝土	装配式混凝土强度等级是按混凝土立方体抗压标准强度来划分的，一般采用 C30、C35、C40 共 3 个等级	环保性能较差	1000 ~ 2000 元/t	不可回收利用	使用寿命可达 50 年以上	可保证工程质量，降低安全隐患；可提高生产效率，降低人力成本；节能环保，减少污染；模数化设计，延长结构寿命	成本高，施工费用高，抗震效果差

第8章　农村污水处理核心技术集成装备典型案例

近年来，我国在农村污水处理技术集成装备上开展了许多研究，市场上出现了很多种类的农村污水处理技术，在选择技术的时候，应本着实用、合理、低能耗和低运行费用的原则。根据农村污水特点，其处理模式可分为农村污水集中处理和农村污水分散处理。

面对市场上众多的农村核心污水成套技术集成产品，本章从技术角度方面，通过对污水处理效果、设施的适应性、设施的运营成本、大众感知度等多方面进行综合分析，选取了在农村污水核心成套集成装备产品产业链上具有代表性的工艺技术及典型项目案例进行介绍。

8.1　智能序批式SBR一体化工艺

1. 项目名称

江苏省南京市六合农村生活污水治理PPP项目。

2. 项目概况

该项目为六合区9个街镇、90个行政村、2513个自然村、12.7万户居民、48.4万人口提供污水处理服务。项目建设的农村污水处理设施出水水质执行DB 32/T 3462—2018《村庄生活污水治理水污染物排放标准》，独立污水处理设施中涉及饮用水水源保护区及国家级生态保护红线范围内的处理设施出水执行GB 18918—2002《城镇污水处理厂污染物排放标准》一级A标准，其余执行一级B标准，处理规模小于或等于2 t/d的分散式村庄生活污水处理设施不考核总磷指标。项目建设包含新建设点处置村项目、新建纳管处置村项目和移交运营处置村项目三种情况，项目总体采用BOT+OM模式，其中新建设点处置村项目和新建纳管处置村项目采用BOT（建设—运营—移交）模式，移交运营处置村的项目（2019年街镇已建设未完工和已完工存量）采用OM（委托运营）模式。

3. 项目技术工艺概述

1）工艺原理

间歇式运行，包括进水、缺氧、曝气、沉淀、排水、闲置排泥6种工序循环。

2）工艺特点

（1）适用于进水波动较大的场合。

（2）适用于低进水浓度情况。

（3）抵抗污泥丝状膨胀性能好。

（4）占地面积小，罐体单元少。

（5）无污泥回流系统，设备少，运行能耗低。

8.2 A/A/A/O（MBBR）处理工艺

1. 项目名称

河北省雄安新区雄县农村生活污水治理特许经营项目。

2. 项目概况

为了解决雄县10个乡镇、110个村庄的污水问题，项目共建设75座污水处理站、1座污泥站，污水处理采用集装箱式一体化设备，处理规模为50～300 m^3/d，总规模8740 m^3/d。污水处理站出水标准达到河北省地方标准DB 13/2171—2020《农村生活污水排放标准》一级标准，污泥处理站处理规模为100 m^3/d（出泥含水率<80%）。该项目的运维管护可满足雄县农村人居环境治理的要求，为雄安新区水环境治理提供有效保障。

3. 项目技术工艺概述

1）工艺原理

该项目污水处理站采用以A/A/A/O（MBBR）处理工艺为主的一体化污水处理设备，工艺兼具传统流化床和生物接触氧化两者的优点。生活污水进入格栅调节池后，通过潜污泵提升进入一体化污水处理设备，依次流经预脱硝池（A1池）、厌氧池（A2池）、缺氧池（A3池）去除部分有机物，然后流入好氧池（O池），好氧池内填装高效好氧填料，可实现有机物降解和氨氮硝化。

硝化液回流至缺氧池，通过反硝化作用实现总氮的去除，同时污泥回流至预脱硝池，去除回流污泥中的硝酸盐，为厌氧池创造更好的厌氧条件，有利于聚磷菌厌氧释磷，加强好氧池吸磷效果，强化系统的除磷效果。污水经生物处理后进入沉淀池完成固液分离，上清液进入中间水池通过压力流经砂过滤器，确保污水达到排放标准，最后通过消毒回用或排放。剩余污泥排入污泥池。沉淀池浮渣由撇渣装置定时去除，浮渣排入地下式调节池。

2）工艺特点

（1）出水水质好。该工艺强化了脱氮除磷效果，出水水质达到河北省地方标准DB 13/2171—2020《农村生活污水排放标准》一级标准。

（2）抗冲击能力强。该工艺性能稳定，运行可靠，冲击负荷和温度变化对该工艺的影响远远小于对活性污泥法的影响。

（3）好氧池无堵塞，其容积得到充分利用。由于填料和水流在好氧池整个反应池内都能得到混合，可以防止好氧池的堵塞，池容得到完全利用，故节省投资及占地面积。

（4）运行能耗低。该工艺氧利用率高，节约能源，比传统工艺节省用电30%以上。

（5）使用寿命长，维护费用低。该工艺采用优质耐用的生物填料，曝气系统可以保证填料整个系统长期使用而不需要更换，折旧率低；生物填料无堵塞、损耗低，长期使用不需要更换填料；沉降性能良好，易于固液分离；剩余污泥量少，污泥处理与处置费用降低，易于运行管理，防止出现污泥膨胀。

（6）操作简单。设备自动化，操作简便，可远程监控，可不需要专业专职人员管理。

（7）占地面积小。设备集成化程度高，比传统工艺节省用地 50% 以上。

（8）建设及调试周期短。设备一体化建设安装快速，比传统工艺节省 40% 的时间。

8.3　iCUBE 型 A/O 接触氧化工艺

1. 项目名称

福建省厦门市农村污水连片整治项目。

2. 项目概况

项目采用 iCUBE 一体化污水处理设备，对原有污水站进行提标升级，以模块化、标准化、智能化、快速灵活的方式解决村镇污水处理难题。

污水站规模方面，站点以 150 t、100 t、50 t、20 t 的规模与自然村内现有居民的排污量高度匹配，使 iCUBE 一体化污水处理设备能够高效运行。

3. 项目技术工艺概述

1）工艺原理

对水质波动大的特点进行针对性设计，脱氮效果好，出水可稳定达到 GB 18918—2002《城镇污水处理厂污染物排放标准》一级 A 标准。

2）工艺特点

内置自行研发的酶浮填料，脱氮能力强。

8.4　循环生物滤池工艺（WRBF）

1. 项目名称

内蒙古准格尔旗西营子村生活污水处理设施项目。

2. 项目概况

西营子村三座 6t/d 生活污水处理设施建设工程是准格尔旗城投公司负责建设的准格尔旗农村污水处理试点项目。该项目总处理规模 18 t/d，由于地势起伏较大及建筑物布局分散，分别在村北、村西及村南建设处理规模为 6 t/d 的处理设施。该项目采用循环生物滤池（WRBF），出水达到 GB 18918—2002《城镇污水处理厂污染物排放标准》一级 A 标准。项目运行期间实现了出水水质稳定、低维护、低能耗的工艺特点。项目出水干净清澈，已被村民争相回用至附近农田作为浇灌用水。

3. 项目技术工艺概述

1）工艺原理

该技术基于传统生物滴滤池，利用附着式生物膜作为核心处理环节，同时优化工艺流程，仅设置一台泵作为系统唯一的动力设备，实现循环处理。系统通过设置一定循环比，可实现极强的抗冲击负荷能力，无须额外设置调节池。

2）工艺特点

（1）免运行，低维护。

整个系统只有一台泵作为动力设备，免去复杂的运行工序，同时配置故障信息远程传输，使维护管理变得极其简单。

(2) 抗水质水量冲击负荷。

创新设计的循环缓冲系统让该工艺具备极强的抗水质水量负荷冲击能力，确保出水水质的稳定达标，适应各类分散点源的污水处理。

(3) 运行能耗低。

与常规工艺相比，由于该技术省去了风机、搅拌器和回流泵等，运行电耗较低。

8.5 CWT-A 一体化工艺

1. 项目名称

四川省成都市双流区第一批污水处理采购项目。

2. 项目概况

该项目处理总水量 2500 m^3/d，共 10 个站点，11 套设备。采用地上式 CWT-A 一体化设备，主要型号为 CWT-A-50、CWT-A-100、CWT-A-200、CWT-A300 和 CWT-A-500。进水为农村污水，处理后出水达到 DB 51/2311—2016《四川省岷江、沱江流域水污染物排放标准》(总氮除外)。

3. 项目技术工艺概述

1) 工艺原理

(1) 缺氧单元。

硝态氮在反硝化细菌的作用下发生反硝化反应，生成氮气释放到大气中，完成脱氮。为充分利用水中的碳源，将缺氧池置于好氧池之前，同时将好氧池的出水硝化液回流到前端的缺氧池进行反硝化，即内回流。

(2) 好氧单元/膜单元。

由微生物组成的活性污泥与污水中有机污染物物质充分混合接触，进而降解吸收并分解污染物。在好氧池中好氧菌是以水中溶解氧为电子受体，以碳源为电子供体进行有氧呼吸，最终产物以二氧化碳和水为主。氨氮在有氧的环境中，在亚硝酸菌和硝酸菌的作用下发生硝化反应，转化成硝态氮。

2) 工艺特点

出水水质标准高；脱氮除磷效率高；剩余污泥产量少；系统占地面积小；工艺流程简单；运行管理简单。

8.6 BioComb 一体化工艺

1. 项目名称

广东省茂名市电白区农村生活污水处理设施项目。

2. 项目概况

该项目主要服务于茂名市电白区，包含 38 个污水处理站，设计处理规模分别为

20 m^3/d（9 个）、30 m^3/d（7 个）、40 m^3/d（6 个）、50 m^3/d（2 个）、60 m^3/d（5 个）、70 m^3/d（4 个）、80 m^3/d（3 个）、90 m^3/d（1 个）、100 m^3/d（1 个）。一体化设备出水达到 GB 18918—2002《城镇污水处理厂排放标准》一级 B 标准。

3. 项目技术工艺概述

1）工艺原理

BioComb 采用 A/O+接触氧化生化组合工艺，并辅以空气提推技术实现高回流比和低溶解氧控制对污水进行处理，有效实现了污染物碳、氮、磷的高效去除。

2）工艺特点

占地面积小，能耗低，抗冲击能力强，运行稳定，管理维护简便，自控化程度高，可实现远程监控，设备运输灵活便捷，使用寿命长，标准集装箱运输，工艺技术先进，一体化设计定制化外观，土建费用较低。

8.7　微生态活水接触氧化生态塘工艺

1. 项目名称

江西省南昌市新建区望城镇生活污水处理项目。

2. 项目概况

该项目位于南昌市新建区望城镇三联村，其生活污水治理工程采用微生态活水接触氧化生态塘工艺，在水体中构建了一个完整的生态系统（微生物—植物—动物），对毛家、曹家生活污水进行集中处理。该工艺设施运行 15 天后，黑臭水体明显消失，在每天不断有污水进入的情况下，系统正常运行，污染负荷大幅度削减，水体透明度达 1 m 以上。

3. 项目技术工艺概述

1）工艺原理

在传统生物接触氧化塘法的基础上，通过人工强化作用，在塘中安装曝气设备和生物填料，并建设人工浮岛，对污水进行集中处理的同时打造良好的生态景观效果。

2）工艺特点

无土建、无机房，运行成本低，工艺运行稳定，施工周期短。

8.8　好氧-厌氧反复耦合（rCAA）污泥减量化工艺

1. 项目名称

北京市通州区宋庄镇北窑上村污水处理项目。

2. 项目概况

该项目属于通州区黑臭水体治理项目的一部分，建设地点为通州区宋庄镇北窑上村，处理规模 200 m^3/d。项目 2016 年建设，2017 年完成调试运营及验收，进入商业化运营，设计出水采用北京市 DB 11/307—2013《水污染物综合排放标准》中的排放指标，采用 rCAA 污泥减量化工艺。

该工艺为自主研发的新型污水处理工艺，污水效果稳定，污泥减量化效果明显。目前，该项目处于商业化运营阶段，出水效果稳定达标，得到地方政府及行业专家的一致认可。

3. 项目技术工艺概述

1）工艺原理

好氧-厌氧反复耦合（rCAA）污泥减量化工艺原理是在污水处理装置内添加自主研发的结构可控的多孔微生物载体，通过微生物种群设计和控制技术，利用微生物的作用，经过水力停留时间的分离、生物反应速度的保证、微生物死亡及溶胞环境等过程来强化污泥的减量。

2）工艺特点

（1）原位剩余污泥减量效果明显。

（2）出水水质更为优秀。

（3）技术适应性强，处理效率高。

（4）占地面积小，管理维护简单。

（5）运行费用低。

（6）投资成本和现有技术基本相同。

8.9 VFL 垂直流迷宫工艺

1. 项目名称

北京市昌平区瓦窑村分散式污水处理项目。

2. 项目概况

该项目位于昌平区流村镇瓦窑村，每天的污水处理量为 20 m^3，出水达到 DB 11/1612—2019《北京市农村生活污水处理设施水污染物排放标准》一级 B 标准。

3. 项目技术工艺概述

1）工艺原理

该工艺的核心是厌氧区和缺氧区结构上采用垂直流迷宫式结构，多个向下流和向上流污泥床间隔串联。VFL 组合池的进水方式为脉冲式进水，使其中向上流的分格内，在进水时由于污水的向上流速使污泥形成悬浮的污泥床，部分污泥会随水流入下一个向下流分格，大部分污泥在停止进水的状态下因重力作用留在该格内，因此这一结构使厌氧缺氧区内保持很高的污泥浓度，使单位池容的反应效率大幅度提高。同时，该结构在相同池容的条件下最大限度地延长了厌氧区和缺氧区的流程，不仅避免了污水在反应池中发生短流，而且使污水与微生物充分接触、混合，并延长了有效反应时间。

VFL 工艺具有独特的污泥循环路线。沉淀区泥斗内的活性污泥一部分回流到缺氧区前端，这部分污泥带有溶解氧，同样由于垂直流结构的特点，水流至缺氧区第二、第三格，溶解氧浓度迅速下降，反硝化在较长的缺氧流程中进行得非常彻底，并充分利用污水中的碳源（BOD_5），其反硝化速率远远高于依靠内源呼吸作用进行的反硝化。缺氧区中部的污泥不断回流到迷宫格最前端，同时厌氧、缺氧、好氧区的污泥都可从本区末端回流至本区前端。总体来说，污泥不断被输送到迷宫格前端，污泥沿迷宫格保持流动性，并由于迷宫上下翻腾的结构保持高的污泥浓度，迷宫部分污泥浓度 7~8 g/L，好氧部分污泥浓度 3~4 g/L。

2）工艺特点

VFL 技术抗冲击负荷能力强，不需要调节池；出水水质好，稳定达标，脱氮除磷效果出色；产泥量很小；无异味，不对环境造成二次污染；系统简单，能耗低，可远程控制，日常维护工作量小；无须二次投资；模块化设计，多组并联，灵活运行，应对断流。

8.10　安力斯 Mini-SATBR 工艺

1. 项目名称

河北省秦皇岛市青龙河污水综合治理项目。

2. 项目概况

该项目位于桃林口水库附近（该水库为秦皇岛、唐山两市重要水源地），因地处山区，管网建设较困难，故采用单户污水收集治理的方式。

该项目共有 180 个站点，采用安力斯 Mini-SATBR 系列 F 型产品，单套处理水量 0.5 m^3/d，使用太阳能为主要能源，控制系统基于 SATBR 一体化污水处理设施的智慧排水系统建设，预留云控制信号接口，集成监控系统实施统一管理，可及时发现运行状况不佳污水处理设施并统一进行维护管理。

3. 项目技术工艺概述

1）工艺原理

多级 A/O+生物接触氧化。

2）工艺特点

该工艺对进水水质波动大的特点进行针对性设计，脱氮效果好，出水可稳定达到 GB 18918—2002《城镇污水处理厂污染物排放标准》一级 A 标准；系统简单，无人值守；根据居民用水规律、水质设定运行状态，可切换“节能”“脱氮”模式；整机功耗低，采用市电及太阳能发电系统供电。

8.11　ANAO-CAF 生物膜法工艺

1. 项目名称

广东省台山市生活污水处理项目。

2. 项目概况

全市 17 个镇街 1281 个自然村共 1315 个农村污水处理设施及配套管网的融资、设计、建设及运营维护。

3. 项目技术工艺概述

1）工艺原理

ANAO 污水处理工艺用于我国农村生活污水处理的技术解决方案，适用于 10~5000 t/d

的处理规模。ANAO-CAF 技术采用生物膜法，核心是自主研发的具有高比表面积的规整填料，兼具 BAF 和接触氧化法的优点，比表面积较大，基本接近曝气生物滤池（BAF），水头损失接近接触氧化法。

2）工艺特点

（1）两套专利材料，可提高微生物存活率和繁衍能力，进而提高处理能力。

（2）兼具 BAF 和接触氧化法的优点。

8.12 “0”电耗污水处理技术（AOBR）工艺

1. 项目名称

湖北省丹江口市土门沟村污水处理项目。

2. 项目概况

该项目位于丹江口市浪河镇中部土门沟村，是南水北调库区移民村建设项目。项目建设 30 t/d 的 AOBR 工艺污水处理设施 1 座、资源分类化回收中心 1 座、水肥一体化污水处理设施 1 座，管网铺设 2 km，配置保洁三轮车 20 辆、景观式垃圾桶 30 个、60 L 分类式垃圾桶 1000 个、密闭式中转箱 24 个、钩臂式垃圾车 1 辆。

通过村庄环境综合整治示范项目的实施，土门沟村实现了饮用水卫生合格率大于 95%、污水处理率大于 92%、垃圾定点存放率 100%、垃圾无害化处理率大于 90%、畜禽养殖废弃物处理及综合利用率大于 90% 的目标。

3. 项目技术工艺概述

1）工艺原理

“0”电耗污水处理技术（Anaerobic Oxic Biology Reactor，AOBR）是“厌氧+好氧+砂滤”综合生物处理工艺技术的简称。它是在成熟的生物处理工艺基础上，对厌氧段进行强化，对水质进行充分水解酸化，使大分子有机物充分降解，提高污水的可生化性；在好氧段，通过强化充氧效果，提高对 COD_{Cr}、BOD_5 以及氨氮等污染物的去除能力；在砂滤阶段，通过物理截留作用进一步净化水质，使污水得以净化，以达到相应的排放标准。

2）工艺特点

（1）系统运行稳定可靠。

（2）容积负荷大、抗冲击负荷能力强。设有缓冲区，对水质水量的变化适应力强。生物载体表面要比常规生物膜法大很多，获得较高容积负荷。

（3）填料为有机-无机复合材料，不易降解，填料强度大，化学和生物稳定性好，经久耐用。过滤器价廉且更换方便。

（4）有机物去除率高。经过有足够水力停留时间的厌氧段，难降解的大分子得到充分消化分解，获得较高的 COD_{Cr} 去除率。

（5）工艺流程利用自然落差，设计为自流系统，无电力消耗，极大地节省运行成本及人员维护费用。

（6）整个工艺设施为地下式，受环境季节变化影响小，可在冬季正常运行，地面部分亦可绿化或农用。

（7）不需专人值守，不需专业人力维护，只需定期巡视即可，特别适合我国农村地区，也适用于独家及多户居民小区、乡间农舍、宾馆饭店。

8.13　多级 A/O 生物接触氧化+软性固定填料过滤工艺

1. 项目名称

江苏省溧阳市农村污水综合治理项目。

2. 项目概况

溧阳市农村生活污水综合治理工程对溧阳市935个重点村的生活污水进行综合治理，涉及溧阳市下辖的昆仑街道、溧城镇、埭头镇、上黄镇、别桥镇、竹箦镇、上兴镇、社渚镇、南渡镇、天目湖镇、戴埠镇共1个街道10个建制镇的150个行政村，受益户数为91 130户。主要工程内容为：农户化粪池改造、村庄污水收集及尾水排放系统建设、农村污水处理设施建设、农村分散式污水处理设施信息化系统建设等。

3. 项目技术工艺概述

1）工艺原理

生活污水经集水槽中的格栅隔除悬浮、漂浮状和沉淀超大颗粒的固体物质，然后流入流量调节槽由提升泵送至污水净化卧式罐进行生化处理。在污水净化罐卧罐内，污水首先进入固液分离槽，粗大颗粒杂质沉淀在槽体底部，轻质的杂质漂浮在水面上部，通过隔板隔除后的中间水从缺口处溢流至缺氧槽；缺氧槽投放缺氧填料，利用填料上附着的微生物高效降解污水中的有机物并通过反硝化脱氮，同时利用填料截留和槽体内的厌氧硝化实现污泥的减量化；污水经缺氧处理后流至好氧槽，好氧槽投放高效改性填料，在好氧条件下，填料中的微生物进一步进行有机物降解和氨氮硝化，通过填料上的大量微生物降解降低槽体内的污泥浓度以进一步实现污泥减量化；经好氧槽处理后的水进入软性固定填料过滤装置进行泥水分离，降低SS，同时通过过滤填料上的微生物进一步去除污水中的污染物；过滤后的清水流至消毒槽进行消毒，出水直接排放或通过放流槽由提升泵提升外排。

2）工艺特点

（1）多级A/O工艺反硝化效率高，脱氮稳定。

（2）采用高性能填料，附着微生物量增大，产泥量较少。

（3）各生化处理单元可采用最优的停留时间分配，强化系统的脱氮效果。

（4）采用软性固定填料保证出水SS稳定达标。

（5）灵活选配电解除磷装置或加药除磷装置以保证除磷效果。

8.14　FBR 发酵槽改良 A/A/O+发酵强化工艺

1. 项目名称

江苏省宜兴市官林镇白土墩站点农村污水处理PPP项目。

2. 项目概况

宜兴市官林镇白土墩站点设计处理水量10 t/d，站点服务农户44户，配套管网

870 m，检查井 70 个，化粪池 21 个。站点的处理终端采用新一代的 FBR 发酵槽，设计出水达到 GB 18918—2002《城镇污水处理设施污染物排放标准》一级 B 标准，实际出水稳定达到一级 A 标准。

3. 项目技术工艺概述

1）工艺原理

农村污水碳氮比低，传统的 A/A/O 除磷脱氮效果难以进一步提高碳氮比，且运行过程有臭味。FBR 发酵槽采用改良 A/A/O+厌氧发酵强化相结合的工艺，去除厌氧段，使其形成交替的兼氧、好氧环境，运行无臭味，除磷脱氮效果好。发酵强化技术集高通量筛选、特有驯化及包埋等发酵技术于一体，包含了功能菌、营养剂等功能，强化了微生物活性及多样性，适用性好。标准型设备出水水质达到 GB 18918—2002《城镇污水处理厂污染物排放标准》一级 A 标准，强化型设备出水水质达到准Ⅳ类水标准。

2）工艺特点

改良 A/A/O+发酵强化是一种污水生物处理高效脱氮除磷工艺，该工艺启动快、效果稳定、污染物去除率高，特别适合碳氮比低的农村生活污水处理。发酵强化工艺通过强化处理，可减少因水质、水量、温度等外界因素变化对生物处理效率的影响，大幅提高出水水质的达标率。

8.15 A/O+人工湿地工艺

1. 项目名称

福建省厦门市同安区后坂村生活污水处理项目。

2. 项目概况

该项目主要采用雨污分流的收集方式，污水处理站的服务人口达 700 多人，其用水量约 90 L/(人·d)，考虑高峰期的用水量，最终确定污水处理设施的处理规模为 70 m^3/d。为保证工程运行、管理、处理效果等各指标都能稳定达到预期处理目的，项目采用“沉砂池+格栅池+调节池+一体化设备+人工湿地”工艺，该工艺具有先进可靠、投资省、运行管理方便、布局合理、处理效果好等优点。

该项目的生活污水主要包括厨房排水、厕所冲洗水、洗涤排水等，污染物以无机物（如氮、硫、磷等盐类）、有机物（如纤维素、淀粉、脂肪、蛋白质及合成洗涤剂等）为主，经处理后，排放的污水水质达到 GB 18918—2002《城镇污水处理厂污染物排放标准》一级 A 标准，就近排入自然水体。

3. 项目技术工艺概述

1）工艺原理

生活污水由管网收集到污水站，先经沉砂池沉降分离去除污水中的砂，后进入格栅池去除较大的悬浮物或漂浮物，再自流进入调节池进行水质水量调节。随后，污水经泵提升至缺氧池，在缺氧池中微生物对溶解性有机物进行水解酸化反应，再自流进入好氧池中进行好氧处理，好氧池设置回流泵将硝化液回流至缺氧池中。出水经过斜管沉淀池沉淀后，自流进入人工湿地进行深度处理，后出水流至清水池，最后流至排放口，达标排入自然水体中。斜管沉淀池的污泥一部分回流至缺氧池，剩余污泥排入污泥池中进行消化浓缩，污泥池上清液回流至调节池。污泥定期用吸泥车抽泥，同栅渣一起外运处置。

2）工艺特点

该工艺能去除大颗粒杂质、氨氮和磷，结合了厌氧、微动力、人工湿地等多种处理工艺，适用于人口密度大、污染物排放量大的村级生活污水处理。在 A/O 工艺处理下，有机物的去除率高，生物过滤效果明显。

8.16　小型组合式微生态滤床工艺

1. 项目名称

湖南省衡阳市衡山县双全新村连片治理项目。

2. 项目概况

该项目涉及单户或几户共用一台污水处理设备处理家庭生活污水，单台处理量为 0.5~1 t/d，出水达到 GB 18918—2002《城镇污水处理厂污染物排放标准》一级 A 标准。

3. 项目技术工艺概述

1）工艺原理

小型组合式微生态滤床，是由深床倍增罐和微生态滤床组合而成。污水先经过深床罐，通过深床罐生物膜法工艺较大程度降解有机物，同时可抵抗一定程度的负荷冲击。经过充分充氧的污水，浸没全部填料并以一定的速度流经填料，布满生物膜的填料表面经过与充氧的污水充分接触，使水中有机物得到吸附和降解，从而使污水得到净化，再通过使用具有好氧、兼氧、厌氧三种净化反应过程的微生态滤床工艺来去除水中难以降解的含氮含磷有机物。通过植物根部附近充氧量、充氧范围的变化，实现好氧、缺氧环境，从而通过硝化、反硝化去除污水中的氮。利用植物对污水中氮的摄取，可以进一步实现对氮的降解。同时合理选择滤床中的植物和基质材料，可以通过基质的物理作用及植物的吸收作用去除污水中的磷。由深床罐—微滤床一体化污水处理器处理后的污水可以达到 GB 18918—2002《城镇污水处理厂污染物排放标准》一级 A 标准。

2）工艺特点

（1）设备控制点少，运营维护简单。

（2）利用气液能，污水提升、曝气、反硝化三同步。

（3）无须加药，TP 排放低于 0.5 mg/L。

（4）出水可循环利用，节能降耗，且美观无臭。

8.17　“膜浓缩+BAF+湿地+稳定塘”工艺

1. 项目名称

河北省廊坊市安次区东固城村污水治理项目。

2. 项目概况

廊坊市安次区东固城村生活污水采用铺设管网统一收集、集中建站处理模式。经处理后，出水水质执行河北省地方标准 DB 13/2171—2020《农村生活污水排放标准》一级标准。集中处理站设计规模 60 m^3/d。集中处理站的建设以村落水生态环境质量提升为目标，与村落文化广场、活动空间相结合，打造水生态景观，构建村民休闲场所，全面提升村民的获得感和幸福感，助力美丽乡村建设。

东固城污水处理站主要采用“膜浓缩+BAF+湿地+稳定塘”工艺，在实现高品质出水的同时，通过膜浓缩将碳源回收，沼气发电，实现污水资源化示范。此外，在改善人居环境的基础之上，增加农业大棚，实现生态+农业，探讨农业收入反哺污水处理设施运维资金之路。

3. 项目技术工艺概述

1）工艺简介

该工艺来水经过调节池均质后通过膜浓缩设备，膜过滤后通过 BAF 降低氨氮和总氮，出水进入湿地进一步处理后排入稳定塘，实现高品质出水。

2）工艺特点

（1）出水水质好。出水通过膜设备过滤后，水质优于地表水准 V 类。

（2）污水资源化。碳源通过浓缩，可用于产沼气，补充能源。

（3）设备自动化，操作简便，可远程监控，不需要专业专职人员管理。

（4）设备集成化程度高，占地小，比传统工艺节省用地 50% 以上。

8.18 FK-JHC 净化槽处理工艺

1. 项目名称

天津市静海区生活污水处理和旱厕改造项目。

2. 项目概况

该项目建设地点为天津市静海区。建设内容为西翟庄镇娇家庄、独流镇十一堡、唐官屯镇郑家庄、良王庄李家院、大丰堆镇史庄子、王口镇大瓦头、子牙镇东子牙、中旺镇大庄子共 8 个村的生活污水处理站、生活污水管网和旱厕改水厕的工程建设。共建设 10 座污水处理站，应用了人工快渗技术、生化处理一体化设备、净化槽三种工艺。

3. 项目技术工艺概述

1）工艺原理

该工艺在 A/O/A/O 工艺的基础上，结合了自主知识产权开发的环保处理新技术。该技术叠加了生物膜技术，可以根据需要使槽内全部曝气或部分曝气，实现 A/O/A/O 工艺，也可以根据处理量，采用多台串联或串并联。FK-JHC 净化槽包含 3 个反应区和 1 个沉淀区，在反应区内均设有活性填料，为高效复合生物菌提供生长场所，在气泵持续供气下形成生物滤床，通过生物膜的吸附和生物作用对污水中的有机物进行降解，同时通过气提式混合液内循环技术进行高效脱氮。

生态单元对污水的处理综合了物理、化学和生物的三种作用，是对净化槽出水的深度处理，通过植物的吸收、生物的生化和填料的吸附、过滤和接触沉淀作用对污水进行进一步净化，达到净化废水与改善生态环境的目的。生态单元的特点是：①基本不用能耗，具有高效率、低投资、低运行费用、低能耗、维护简单、处理量灵活，处理效果好等优点。

②耐污及水力负荷强，抗冲击负荷性能好。③上部种植柳树类苗木，且采用垂直流设置方式，可保证冬季的正常运行。④通过绿化建立良好的生态环境。

2）工艺特点

（1）可分散式处理（单户型、多户型），也可集中式处理（楼宇型、村落集中型），4 种不同的处理模式可以完美地应对当前我国农村的基本现状。

（2）工艺成熟，处理过程稳定，安装不受地形的影响，且全地埋的安装形式可完美适应北方冬季的低温运行。

（3）出水水质优，可稳定达到 GB 18918—2002《城镇污水处理厂污染物排放标准》一级 A 标准。

（4）设备构造简易，占地面积小，价格低廉。

（5）工艺抗负荷能力强，出水水质好，“傻瓜式”操作，无人值守，方便管理。

（6）耗电功率小，运行费用低。

（7）净化槽内无污泥产生，维护费用低，设备使用寿命长达 30 年。

8.19　MBR 膜式净化槽工艺

1. 项目名称

上海市崇明区建设镇农村生活污水处理项目。

2. 项目概况

为改善水环境、提高人民生活质量，上海市崇明区建设镇村镇规划建设事务所以“EPC+O”的模式承建了上海崇明区建设镇 2017 年农村生活污水处理工程。该工程范围覆盖建设镇白钥村 1183 户农户的生活污水处理，采用 MBR 膜式净化槽工艺技术，污水处理装置出水达到 GB 18918—2002《城镇污水处理厂污染物排放标准》一级 A 标准，设计处理污水总量为 320 t/d，共新建污水处理站点 3 座，铺设管网 40. 974 km，同时建设有化粪池、隔油池、检查井、计量井、控制井、一体化提升泵站等配套设施。该项目通过第三方检测单位的检验，检测数据优于设计效果，目前已进入 5 年运营维护阶段。

3. 项目技术工艺概述

1）工艺原理

该工艺是一种由膜分离单元与生物处理单元相结合的新型水处理技术，其核心是以膜组件取代了传统活性污泥处理系统中的二沉池和砂滤系统，在生物反应器中保持高活性污泥浓度，减少污水处理设施占地，并通过保持低污泥负荷减少污泥产量。

超滤或微滤膜分离技术使水力停留时间（HRT）和泥龄（STR）完全分离，有利于增殖缓慢的硝化细菌的截留、生长和繁殖，系统硝化效率得以提高。其高效的固液分离能力使出水水质良好，悬浮物和浊度接近于零，并可截留各生物性污染物，处理后出水可直接回用，出水水质明显优于传统污水处理工艺，是一种高效、经济的污水资源化技术。

2）工艺特点

该工艺适用于农村污水处理项目，具有抗冲击能力强、运行稳定（出水水质稳定达标）、占地小、泥龄长、产泥量小、总氮总磷处理效果好、无异味、噪声小、节省投资、使用寿命长、质量有保证、自动控制运行维护简单等特点，一般单个站点设计规模在 1~300 t/d 范围内均可采用。

8.20 改良 A/A/O 工艺+污泥消减工艺

1. 项目名称

湖南省长沙市岳麓区农村环境综合整治项目。

2. 项目概况

该项目主要解决长沙市岳麓区含泰社区、莲花镇立马村、雨敞坪镇麻田村的生活污水处理、生活垃圾处理以及饮用水源保护的问题。其中农村生活污水处理设施主要建设了玻璃钢四格化粪池（515 座）、化粪池+小型人工湿地（2 座）、化粪池+ISRI 污水处理装置（1 座）。

3. 项目技术工艺概述

1）工艺原理

利用出水在线检测单元、智能控制系统单元，实时监控进出水 COD_{Cr}、溶解氧。通过调整风机运行参数，变频曝气系统精准控制各单元中的溶解氧含量。挡位调节自动控制混合液回流比，可实现高回流比达 400%。创新型管道设计，在回流管道中降低水中溶解氧，满足缺氧环境要求，提高单元的耐冲击负荷。

2）工艺特点

（1）工艺成熟稳定，污泥处置简单。

采用改良 A/A/O 工艺+污泥消减技术（智水专利），具有高效脱氮除磷系统，确保出水达到 GB 18918—2002《城镇污水处理厂污染物排放标准》一级 A 标准。

（2）高度智能化，实现精准控制。

所有设备运行数据均上传至智能远程监控平台，实现无人值守，手机接收实时运行情况。远程一键操控，一个运营人员可管理一个区域的设备运维。

（3）高度集成化，安装简易便捷。

装置内配套设备间以及电控系统、远程监控系统，在车间一体化整装出厂，其中设备间内配置紫外线杀菌系统、风机、污泥消减模块、除臭模块、降噪模块、工艺模块。装置在现场吊装到位后，工作人员可立即开展安装工程，仅需安装进、出水管道及配件，接通电源即可运行调试。

（4）综合造价低，占地面积小。

现场配套土建工程包括设备基础、调节池、取样井、阀门井，节省了传统处理方式中需要配套的污泥池、设备间，故综合成本较低。装置占地小，500 m^3/d 处理量的 ISRI 装置占地面积仅 100 m^2。

（5）低噪无臭气，确保绿色运行。

采用隔噪减噪处理技术，选用低噪声设备，并在风机的进出风口位置安装消音器，在设备间内墙安装吸音棉等隔音材料，确保达到噪声环境质量标准。

采用先进的除臭技术，将臭气集中至排气口，经过排气口所在活性炭除臭单元处理，最终达到无臭气排放。

（6）应用范围广，运维费用省。

设备能迅速运输吊装到位，广泛应用于农村及城镇生活污水、黑臭水体就地处理及截污处理。可作临时性、应急处理设施，作为城乡接合部管网覆盖不到地区的设施补充，能高效解决水污染问题。

设备电耗为 0.25~0.3 元/t 水，无须投加药剂。装置中的微纳米曝气系统采用新型安装工艺，可以在不停机的情况下维护设备，操作简单易行。装置使用寿命约 25 年，水泵风机使用寿命约 10 年，大大节省运维费用。特有的污泥减量系统，实现污泥减量 40%~60%，剩余污泥 8~12 个月处理一次，运维人员用可移动的板框压泥机处理后运输至填埋场，污泥处置费用低。

8.21　生物接触氧化（A/O）+人工湿地工艺

1. 项目名称

江苏省扬州市江都区农村小型污水处理项目。

2. 项目概况

项目覆盖江都吴桥镇、浦头镇、仙女镇、宜陵镇、小纪镇、大桥镇、丁伙镇、丁沟镇、郭村镇、邵伯镇、滨江新城，共 64 套污水处理设备，站区日处理 1~30 m^3/d。

3. 项目技术工艺概述

1）工艺原理

该项目有效地结合了生化处理+生态处理模式，通过在本地设立运行维护中心，采取线上线下相结合的第三方运营托管方式，实现区域运维落地有声。

2）工艺特点

（1）微生物种类丰富。

反应器中的特殊悬浮填料作为微生物的载体，每个载体均为一个微型反应器，内外具有不同的生物种类，增加水中微生物含量。内部生长一些厌氧菌或兼氧菌，外部被好养菌包围，使硝化和反硝化反应同时存在，从而提高了脱氮处理效果。

（2）深度脱氮。

好氧池末端设置一生物低速滤池，滤池中设置了专用脱氮滤料作为微生物的载体，同步作为好氧池硝化反应后的硝态氮至亚硝态氮转换的预处理。

（3）氧利用率高。

好氧微生物填料与水呈近乎混合状态，填料上的微生物环境为气、液、固三相，载体在水中的碰撞和剪切作用，使空气气泡更加细小，增加了氧的利用率。

8.22　透氧膜生物反应器（MABR）工艺

1. 项目名称

湖南省永州市道县农村生活污水治理项目。

2. 项目概况

该项目位于道县洪塘营乡，其农村生活污水处理设施设计规模为 400 m^3/d，主要收集处理洪塘营乡农户的生活污水，污水主要由农户洗涤水、厨房水以及化粪池污水组成。处理工艺采用 MABR 工艺，出水水质可达到湖南省地方标准 DB 43/1665—2019《农村生活污水处理设施水污染物排放标准》一级标准。

3. 项目技术工艺概述

1）工艺原理

MABR 工艺通过一种内传氧的柔性膜，在污水中生长不同的生物膜来去除污水中的污染物，并能够将 COD_{Cr}、总氮、氨氮同步在一个池体内去除，是一种非常先进的污水处理工艺，工艺出水水质高，低能耗，操作维护简单。

2）工艺特点

（1）采用 MABR 内传氧柔性膜，膜使用寿命长达 15 年以上。

（2）曝气量少，压头低，能耗低。

（3）采用专有膜，脱氮除磷在同一个池内进行，节省了设备空间。

（4）工艺流程完善，正常运行其出水可以稳定达到 GB 18918—2002《城镇污水处理厂污染物排放标准》一级 A 标准。

（5）可远程监控、APP 控制，可实现无人值守。

8.23 兼氧膜生物反应器（FMBR）工艺

1. 项目名称

安徽省芜湖市无为县农村生活污水治理试点项目。

2. 项目概况

无为县农村生活污水治理试点项目是三峡集团结合与芜湖市合作实际，立足于长江大保护工作专门设立的农村扶贫捐赠项目，是开展农村污水治理试点研究、改善农村水环境、助力乡村振兴的项目，根据试点效果将在长江流域农村污水治理项目中推广。该项目工程内容是在无为县 7 个乡村新建生活污水收集、处理设施并运营，出水水质达到 GB 18918—2002《城镇污水处理厂污染物排放标准》一级 A 标准。

3. 项目技术工艺概述

1）工艺原理

兼氧 FMBR 膜技术污水处理器内培养有大量兼性菌，污水中的有机物降解主要依靠兼性菌的新陈代谢作用将大分子有机物逐步降解为小分子有机物，最终氧化分解为二氧化碳和水等稳定的无机物质。同时由于兼性菌的生成不需要溶解氧的保证，所以降低了膜曝气动力消耗。兼氧 FMBR 工艺各污染物去除原理示意图见图 8-1。系统膜曝气的主要作用是对膜丝进行冲刷、振荡，同时产生的溶解氧正好被用来氧化部分小分子有机物和维持出水的溶解氧值，保证兼氧 FMBR 膜技术污水处理器中的微生物新陈代谢正常进行，膜区曝气原理示意图见图 8-2。兼氧 FMBR 系统利用微生物“内部”的循环作用保持有机污泥近“零”排放。处理后的污水通过膜的过滤作用可以做到“固液分离”，保证污水中的各类污染物通过膜的过滤作用得到进一步去除，从而保证出水水质。

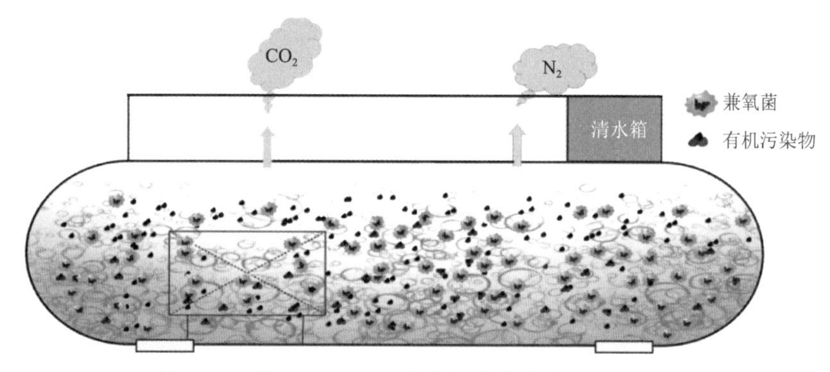

图 8－1　兼氧 FMBR 工艺各污染物去除原理示意图

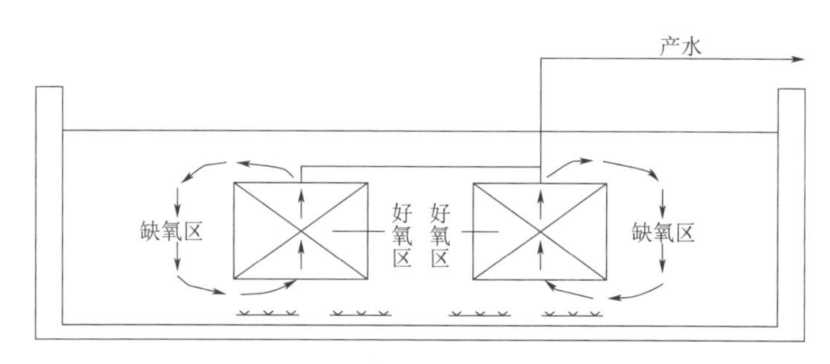

图 8－2　膜区曝气原理示意图

2）工艺特点

（1）采用兼氧 F+MBR 处理工艺，多池合一。

（2）采用沉水式鼓风机，噪声低。

（3）MBR 膜站内吊装清洗（平均 6 个月 1 次）。

（4）底泥清理，泵车抽吸（平均 6 个月 1 次）。

（5）无配套加药系统，工艺设备较少，操作简便。

8.24　“同位硝化反硝化滤床”处理工艺

1. 项目名称

江西省上饶市余干县镇胡家洲村生活污水治理项目。

2. 项目概况

该工程覆盖胡家洲村 122 户居民，共约 460 人。针对胡家洲村生活污水，江西盖亚环保科技有限公司采用“三低一广一简单”（即投资低、运营成本低、维护费用低、覆盖面广、操作简单）的同位硝化反硝化滤床处理工艺，处理后出水能达到 GB 18918—2002《城镇污水处理厂污染物排放标准》一级 A 标准。

3. 项目技术工艺概述

1）工艺原理

该工艺是根据同步硝化反硝化原理，通过培育、驯化高效微生物菌种，以及筛选、研制高效填料，构成微生物菌胶团，形成结构稳定的微生物生态环境，结合多床层生物滤床结构工艺，有效发挥微生物菌胶团的物理、化学和生物作用，从而达到高效去除废水中COD_{Cr}、氨氮以及总磷等污染物的目的，实现污水的快速、深度净化与超低排放，同时显著降低处理成本。

2）工艺特点

（1）一次性投入成本少，可分散、可集中，占地面积较小。

（2）操控简单，全自动运行，无须专人值守，运维处理成本仅需 0.3~0.4 元/t。

（3）处理效果好，出水水质高于 GB 18918—2002《城镇污水处理厂污染物排放标准》一级 A 标准。

8.25 微动力好氧处理工艺

1. 项目名称

浙江省杭州市临安区农村生活污水提升改造示范点项目。

2. 项目概况

光明村站点设计规模 50 t/d，实际处理规模 50 t/d，主要收集处理光明村的农村生活污水，受益户数 196 户 599 人。污水主要由农户洗涤水、厨房水以及化粪池污水组成。处理工艺为微动力好氧处理工艺，出水水质可达到浙江省地方标准 DB 33/973—2015《农村生活污水处理设施水污染物排放标准》二级标准。

3. 项目技术工艺概述

1）工艺原理

该工艺在好氧段，硝化细菌将水中的氨氮及有机氮通过生物硝化作用转化成硝酸盐；在缺氧段，反硝化细菌将内回流带入的硝酸盐通过生物反硝化作用，转化成氮气逸入到大气中，从而达到脱氮的目的；在厌氧段，聚磷菌释放磷，并吸收低级脂肪酸等易降解的有机物；在好氧段，聚磷菌超量吸收磷，并通过剩余污泥的排放，将磷除去。

2）工艺特点

工艺运行简单，维护方便，出水水质基本可达到景观水质要求，能够充分利用生态资源，可作为生态旅游景观用水。

8.26 人工快速渗滤污水处理工艺

1. 项目名称

湖北省武汉市江夏区梁湖农庄生活污水处理项目。

2. 项目概况

武汉梁湖农庄位于梁子湖畔，是一家集生态旅游、高档宴会、客房会议、采摘垂钓、农俗体验、户外拓展、婚礼承办、篝火晚会等于一体的大型生态农庄。该项目主要是对农庄内的生活污水进行处理，出水水质达到 GB 18918—2002《城镇污水处理厂污染物排放标准》一级 A 标准。

3. 项目技术工艺概述

1）工艺原理

人工快速渗滤污水处理一体化设备，是由深港环保公司针对农村生活污水特点设计研发的一种集中式污水处理设备，该设备构造简单、占地面积小，可自动化控制，后期维护保养工作量小、费用低，非常适用于农村地区小规模的污水分散处理，也可用于城镇居民小区、高速公路服务区、风景名胜区、学校、机场及酒店等设施的污水就地处理。

人工快速渗滤污水处理一体化设备结构简单紧凑，可实现模块化生产，现场安装简便，占地面积小；利用全自动控制液位计控制实现全自动运行，布水同时实现复氧，能耗低。如水体需提升，可加装太阳能电池系统实现零能耗，如无须提升，可依靠重力自流；实现纯工业化操作，设备出厂前可提前进行菌种驯化；实现直接到场安装，无须运营调试，5~7 天即可建成 1 座小型污水处理站。人工快速渗滤污水处理工艺流程图见图 8-3。该工艺设备外圈设有高效前处理分离系统、调节池、污泥干化池、出水槽、绿化带等，内圈设人工快渗池，包括提升泵、旋转布水管、人工快渗填料、集水槽。

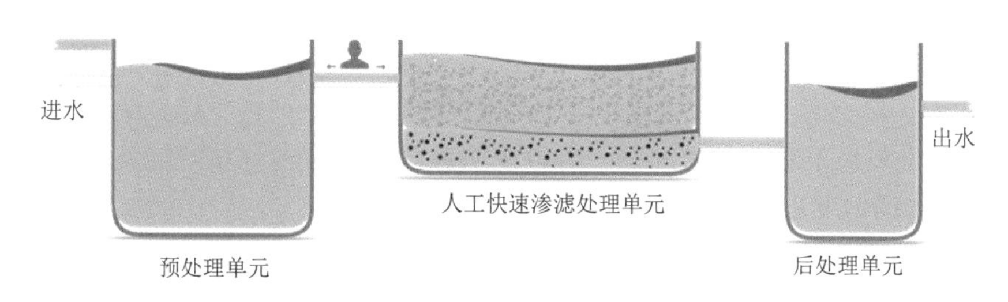

图 8-3　人工快速渗滤污水处理工艺流程图

2）工艺特点

（1）处理效果好，出水可直接达到 GB 18918—2002《城镇污水治理厂污染物排放标准》一级 A 或一级 B 标准。

（2）全自动液位计控制自动运行，布水同时实现复氧，能耗低。后期维护保养工作量小，可实现无人值守，运营成本低。但后期易出现堵塞现象，造成处理能力下降。

（3）出水口设置探头，可实现远程控制，出水结果等可实时传输至总控平台，实现动态监控。

（4）设备结构紧凑，可进行模块化运输，现场安装简单。

8.27　“活性污泥法+生物膜法”资源罐及蜂巢工艺

1. 项目名称

广东省肇庆市高要区新一轮水质净化设施建设 PPP 项目。

2. 项目概况

该项目位于肇庆市高要区，村级站点采用地埋式资源罐一体化设备，设备处理规模

10~90 m^3/d，站点数量 541 个，负责处理村里的生活污水，出水水质排放标准执行 DB 44/2208—2019《农村生活污水处理排放标准》二级、三级标准。

3. 项目技术工艺概述

1）工艺原理

资源罐以“活性污泥法+生物膜法”为理论基础，创新地将单个罐子进行串并联组合，满足各种处理规模的需求。单个资源罐内部分隔成相互独立的 4 个空间，内部填充高效改性生物填料和曝气管，使其形成小区域厌氧和好氧相互交替的功能区。污水依次流经多级串联的功能区，利用填料内部的兼氧和好氧微生物菌，对污水中的 COD_{Cr}、NH_3-N、SS 等污染物实现高效去除，同步硝化反硝化作用进行生物脱氮，几乎不产生有机污泥。

2）工艺特点

（1）资源罐采用标准化生产与装配，可根据处理吨位、排放标准的需求，灵活选择不同数量的资源罐。

（2）采用泥膜互补工艺，水力停留时间长，工艺稳定性高，抗冲击负荷能力强，设备通水启动后 7 天出水即可达标。

（3）通过调整设定阀门，实现多种处理工艺和多种运行模式之间的功能转换。

（4）资源罐采用进口 PE 树脂滚塑一体成型，结合抗紫外线改性配方，使用寿命达 30 年以上。

（5）在站点来水不明确的情况下，可以按照保守的水量进行设计建设，并预留安装位置，在水量增加的情况下增加罐体数量。

（6）设备安装便利，运输便捷，不受道路交通的影响。

（7）设备维护简单，运行费用低。

第 9 章　农村污水治理行业发展思考及建议

9.1　农村污水治理行业发展的相关思考

9.1.1　政府顶层设计制定监督考核机制

根据调查统计，“十三五”期末，我国农村生活污水治理率仅为 25.5%，距离预期 60% 的目标相差较大，归根到底主要有两个方面的原因：一是资金缺乏；二是相关单位情况了解不充分。“十四五”农村污水治理工作目标是：到 2025 年，农村生活污水治理率达到 40%。要想实现这一目标，应站在生态文明建设的高度，将当地农村生活污水治理率完成目标纳入当地政府任期考核，并分阶段进行年度考核。资金层面则可以通过政府和社会资本方进行综合方案解决，完善市场机制，引导社会资本方积极参与农村环境治理行业，目前以政府付费和使用者付费双轨并行。

9.1.2　因地制宜地进行强化生态化治理

对于农村污水处理技术要求，行业普遍的看法是：工艺简单易维护、抗水量负荷冲击、低能耗。2018 年中央一号文件《中共中央、国务院关于实施乡村振兴战略的意见》（中发〔2018〕1 号）也强调要积极推广低成本、低能耗、易维护、高效率的污水处理技术，鼓励采用生态处理工艺。

据了解，生态处理工艺能够很好地结合广大农村地区的自然地理条件，如当地的废塘、滩涂、废弃的土地，基建投资低；运行过中无须投加药剂，运行费用低；运行过程中污泥产量少，适当处理还能够达到农业回用标准，减少二次污染；工艺运行相对稳定，抗冲击负荷能力强，利于污水稳定达标排放，出水可以直接回用于农田灌溉或农村杂用水。

国内外用于农村生活污水处理的工艺主要有人工湿地、地下渗滤、人工快渗、生态塘。当然单一技术往往都有一定局限性。目前，国内外一般都有由不同技术组合而成的农村生活污水处理工艺形式。靠近城市的城镇或村庄生活污水可以并入城市集中式污水处理厂，远离城市的村庄因其独立性和分散性等特点，可以灵活组合生物+生态处理技术，如“化粪池+潜流式人工湿地”工艺的庭院式污水处理技术或“强化一级处理+生物处理+人工强化生态净化”工艺的分散式处理技术等。

9.1.3　经济性考量促进区域项目打包和“投—建—运”一体化发展

农村污水处理本身规模小、项目相对分散、管网成本高，村村分散建设运营，建议农村污水治理以区或县为单位，实现规模化可以降低整体投资和运维成本。将区域农村污水治理项目进行打包，可以高效地获取规模化效益，让更多的企业愿意参与其中，从而获得更多的发展动能。

从市场的角度，农村环境治理在水污染治理之外，也有了更多要求，如农村污水处理厂提标改造也不再局限于项目建设运营，而是延伸至城市排水管网，很多村镇在生活污水污染治理的同时，也有垃圾治理、河湖水体修复等综合需求。随着市场的发展和政府支持力度的提升，更多具有资金实力、技术实力和管理能力强的大型企业进入农村污水市场，希望从末端治理向规模治理、综合解决方案，以及水生态系统修复等综合性环保服务延伸。在村以上的更多区域实施区域打包，可以更好地实现规模效益，有利于企业统一组织专业人才进行运维管理等。

厂（站）网系统“投—建—运”一体化模式可以更好地实现污水提质增效的责任主体统一，实现农村污水治理统一规划、统一建设、统一运营、统一管理、统一调度、统一维护，促进农村污水收集率提高、收集全处理、处理全达标以及资源有效利用，从而实现农村污水因地制宜治理模式。厂（站）网系统由同一实施责任主体进行“投—建—运”一体化的运作模式，严格按照合同中规定的污水处理站和收集管网绩效考核细则进行运维达标考核付费，由于责任主体单一且明确，从而破解了过去厂（站）网分离、多头管理、无从追责的难题。

9.1.4 数字化、信息化、智能化破解运维难题

生态化工艺和区域打包解决了农村污水治理的技术和模式问题，但要确保已建成的农村污水治理工程设施长期稳定运行、持续发挥效用，还需要进行长效运维管理。

农村地广人稀、人口分散，项目后期维护比较困难。因为每个村单独安排人员驻场成本太高，部分农村污水处理设施维护基本采取的是运营企业委托村里人员进行不定时监测，有问题及时通知，配合以公司专业人员定期巡检等方法，既费时费力，又很难保证效果。

而当下火热的“互联网+”无疑为农村污水处理提供了新的发展契机。利用云平台、大数据、物联网等技术收集、整合和展示区域内农村环境治理设施运维管理的各环节数据，包含远程监控、图像视频、运维监督、监察巡检、故障统计、治理报表、统计分析、考核填报、信息公开等，并实现智能手机客户端的管理监控，成为新时代“互联网+”传统农村污水处理的美好场景。这种数字化、信息化、智能化运维管控手段无疑可以解决行业痛点，节约运维成本。因此，数字化、信息化和智能化管理，正成为行业发展的共识。

9.1.5 农村污水处理收费需逐步探索建立农户付费制度

目前城市已经全面建立起污水处理收费制度，乡镇、农村污水处理设施建设还相对滞后，污水处理的收费制度没有全面建立，不利于农村人居环境的治理。探索建立污水处理农户付费制度重在强化农民环保意识，有助于农村人居环境的改善。

国家发展改革委印发了《关于创新和完善促进绿色发展价格机制的意见》（发改价格规〔2018〕943 号）（以下简称《意见》），对完善污水处理收费政策作了全面部署，提

出要加快构建覆盖污水处理和污泥处置成本并合理盈利的价格机制，推进污水处理服务费形成市场化。这一文件的出台，更好地体现了污染者付费和激励约束相结合的原则，将对推进水污染防治工作和污水处理行业发展产生重要影响。《意见》提出，要在已建成污水集中处理设施的农村地区，探索建立农户付费制度，综合考虑村集体经济状况、农户承受能力、污水处理成本等因素，合理确定付费标准。应该说，这种政策安排既体现了加强农村生态环境保护的形势要求，也充分考虑了当前的客观实际。目前大多数地区农村污水治理的资金主要依靠地方为主、中央补助的政府投入体系，但同时也应该探索建立农村污水处理收费制度。在农村开征污水处理费，可以作为治理资金的适当补充，更大的作用是强化村民环境卫生意识，提升村民参与人居环境整治的自觉性、积极性、主动性。另外，农村污水处理与卫生改厕紧密相关，涉及千家万户，没有农民的配合参与，就不可能治理好农村污水。

9.2　未来农村污水处理技术攻关及发展的建议

9.2.1　农村污水处理技术集成装置未来科研攻关方向的建议

农村生活污水处理的核心技术与市政或者其他行业的污水处理技术是不同的，应有符合自身特点的技术产品化、装备化的转化能力。在未来，产品化、装备化、系统化是农村生活污水处理的一个重要方向，也能展现行业自身在核心技术工艺上的市场竞争力，促进农村污水治理行业可持续性发展。

针对我国农村生活污水产排特点和现有设备运行中存在的技术障碍，提出未来农村污水治理技术科研攻关需破解的三大难题：

一是技术优。在农村污水处理项目建设时最好采用成熟可靠、稳定性好的处理工艺，有利于适应较大的水量和水质变化，污泥产量少；同时还要兼顾环境好、低能耗、易操作的原则。

二是成本低。对已建成的污水处理项目要采取第三方运营的专业化运营模式，发挥专业环境服务商的优势，从而降低成本；在进行污水处理基础设施建设时，要根据实际需求合理地选择建设及运行费用低的污水处理工艺技术。

三是管理易。未来农村污水处理技术管理要符合自动化程度高、管理简单、维护量低、运行管理简便及技术要求低等条件；要积极学习和运用互联网思维，采用新型管理模式进行农村污水处理技术的管理。

就上述问题来分析，农村生活污水处理科技研发创新重点可以从以下四个途径开展：

一是污水的就地资源化利用。

二是农村水环境治理人工智能技术。

三是农村污水处理设施集成装备化、系统化、标准化。

四是全系统的一体化管理与服务平台。

结合上述农村生活污水治理科技研发方向，提出相关研究方向，主要内容包括：

研究方向一：研发新型木质纤维填料。该填料可取代产泥量大的传统填料，解决填料生物膜凝团脱落和设备积泥问题，从而防止设备淤堵。

研究方向二：研发新型智能化短程农村污水处理技术。以提高污水处理工艺集成度和装备单位容积处理能力为重点，开发新一代节能节地、抗多变性、智能化、少清掏的农村污水一体化处理设备，匹配自供电型的太阳能光伏供电技术，解决设备能源自给和大量电费问题。研究变频曝气技术，研发新型流化反应池，在单一反应池内实现厌氧、兼氧、好氧三个反应区域协同共存，从而在节能状态下高效脱除有机物、氮、磷等污染物。

研究方向三：研发一体化设施智慧化管控平台。集成远程控制和自动化运行技术，减少设备巡检频次，降低能源消耗，节省人力成本。

9.2.2 农村污水核心配套设备未来需攻关方向的建议

农村污水核心配套设备主要有水泵、曝气风机等，但国内制造企业还不能提供小流量、低能耗的水泵设备，无法满足农村污水治理的需求。市场上现有农村污水集成装置中使用运行稳定可靠的小流量水泵基本为国外进口或合资，目前国内制造企业还无法通过自有技术生产出成熟稳定的 2 m^3/h 及以下小流量、低扬程的水泵。常见的水泵品牌有日本鹤见、德国威乐等，基本垄断了我国市场。

市场上农村污水治理工程上使用的小流量曝气风机均为国外进口或合资生产，常见的空气泵风机品牌有日本世晃、日本 MEDO 等。

鼓励在该领域储备一定技术实力的企业与外商合资，以市场换取核心部件合作生产制造的订单，逐步将生产技术和研发机构转移到国内，通过引进、吸收、再消化和创新模式，引导一批优秀的设备制造企业实现核心技术弯道超车，并成为该领域国际化一流企业，逐步走出国门。

9.2.3 农村污水产业链上深化专业化整合的建议

为落实生态环境部等 5 部门于 2022 年 1 月联合发布的《农业农村污染治理攻坚战行动方案（2021—2025 年）》中 2021—2025 年农村污水处理目标，到 2025 年底实现全国农村生活污水治理率达到 40%，加快农村污水产业发展，应深化农村污水产业链专业化整合，聚焦更大范围的资源配置，打通上中下游产业链，建立一批产学研相结合、以企业为主体的科研型发展单位，加快打造原创技术“策源地”，可持续、高质量地推动我国农村污水产业发展。建议在以下两个方面进行农村污水产业链深化整合。

一是加强农村污水产业链专业化企业整合，优化资源配置。通过大型企业主导整合，在具体项目层面上与专精特新等专业化中小企业展开整合，逐步积累在农村污水处理方面的专业能力，培育优质产业链龙头单位，打造龙头企业自身原创技术能力，带来行业高质量发展。

二是建立产学研相结合的科研型企业，打造核心工艺技术装备企业。农村污水治理项目对污水处理装备需求较高，未来设备的标准化和模块化是降低建设成本的关键，通过农村污水治理的产学研，打造我国原创技术“策源地”的核心装备产业链链长企业，快速占据产业链核心环节，有利于尽快提升我国在农村污水处理领域的综合竞争力。

9.2.4 农村污水治理项目前期策划方面的建议

1. 农村污水治理项目包形式的确定

农村污水处理项目相对分散、规模较小、管网建设成本高，建议农村污水治理项目以区或县为单位进行项目打包，能更好地实现规模效益、经济效益，可以降低投资费用和运维成本。

对污水厂（站）网进行系统打包，采用“投—建—运”一体化的运作模式，可以更好地实现国家污水提质增效的要求，并明确统一的责任主体，实现农村污水治理统一规划、统一建设、统一运营、统一管理、统一调度、统一维护，促进农村污水收集率提高，污水收集全处理、处理全达标以及资源有效利用，依据农村环境的特点，因地制宜地发展农村污水行业成片治理模式。

2. 农村污水治理项目先行实施规划

按照生态环境部发布的《县域农村生活污水治理专项规划编制指南（试行）》（环办土壤函〔2019〕756 号）相关要求，先行编制县域或区域规划，为后续编制项目策划方案和项目实施清单提供技术经济支撑。主要内容包括总则、区域概况、污染源分析、污水处理设施建设、运行管理、工程估算与资金筹措、效益分析和保障措施等。

3. 农村污水治理与新能源项目协同推进

国家能源局、农业农村部及国家乡村振兴局于 2021 年 12 月 29 日印发了《加快农村能源转型发展助力乡村振兴的实施意见》（国能发规划〔2021〕66 号），其中指出：农村地区能源绿色转型发展，是满足人民美好生活需要的内在要求，是构建现代能源体系的重要组成部分，对巩固拓展脱贫攻坚成果，促进乡村振兴，实现“碳达峰、碳中和”目标和农业现代化具有重要意义。

结合我国南北方各地新能源资源，农村污水治理可考虑将绿色低碳能源资源（如太阳能、风能、生物质能、地热能等）与农村水环境结合起来实施，做到生态保护与新能源开发真正意义上的优势互补、两翼齐飞，争取收支平衡，走出一条合适我国国情的可持续、高质量农村污水治理发展之路。

附录 A 农村污水处理设施主要技术集成装备分类

附表 农村污水处理设施主要技术集成装备分类

分类序号	技术分类	技术项排序	技术名称	适用范围	技术指标/技术优势	技术劣势/局限性
1	SBR（或改良型SBR）工艺	1	智能序批式 SBR（SBBR）一体化设备	适用于进水量波动大，出水标准优于一级 B 标准（相当于各地方农村生活污水处理排放标准中一级标准），最佳处理规模为 5~500 t/d 的一体化成套设备	（1）适用于进水波动大的场合； （2）适用于低进水浓度情况，抗污泥丝状膨胀性能好； （3）占地面积小，罐体单元少； （4）无污泥回流系统，设备少，运行能耗低； （5）5~50 t 处理规模的吨水设备投资 6000~13 000 元；100~500 t 处理规模的吨水设备投资 3000~4000 元；吨水电费 0.2 元，吨水药剂费 0.05 元	（1）对控制要求高，需要好的控制系统； （2）如果出水要达到一级 A 标准，还需要增加其他深度处理工艺
		2	A/O－SBR 工艺	适用于进水量波动大，出水标准优于一级 B 标准（相当于各地方农村生活污水处理排放标准中一级标准），最佳处理规模为 50~2000 t/d 的一体化成套设备	（1）适用于进水波动大的场合； （2）运行方式灵活，可根据进水负荷情况调整合适的处理工艺，可实现 A/O 和 A/O－SBR 两种工艺模式切换运行； （3）吨水设备投资 3000～5000 元；吨水电费 0.3 元；吨水药剂费 0.1 元	（1）对控制要求高，需要好的控制系统； （2）如果出水要达到一级 A 标准，还需要增加其他深度处理工艺
2	MABR 膜工艺	3	MABR 工艺	适用于人口集聚程度高、土地资源紧张、经济较发达的村镇污水处理，出水优于一级 A 标准要求	（1）采用 MABR 内传氧柔性膜，膜使用寿命达 15 年以上； （2）曝气量少，压头低，能耗低； （3）采用专有膜，脱氮除磷在同一个池内进行，节省了设备空间； （4）工艺流程完善，正常运行其出水可以稳定达到一级 A 标准； （5）可远程监控、APP 控制，可实现无人值守； （6）采用内传氧柔性膜； （7）运行费用：电费+药费+碳源约 0.8~0.9 元/m^3	（1）工艺风机选用 1 台，缺少备用风机，运行安全稳定性和可靠性较差，应备用 1 台； （2）主体工艺上的过滤进水泵仅安装 1 台，缺少备用泵； （3）处理规模小于 100 m^3/d 的一体化设备性价比不高

续表

分类序号	技术分类	技术项排序	技术名称	适用范围	技术指标/技术优势	技术劣势/局限性
3	MBR膜工艺	4	MBR膜+BAF+硫自氧工艺	适用于人口集聚程度高、土地资源紧张的村镇污水处理，出水优于一级A标准要求	（1）实现碳源回收、低碳高氮的总氮去除； （2）高品质出水，用作景观水； （3）吨水设备投资9000～12 000元，吨水直接运行费用1～2元	（1）工艺流程较长，设备配置较多，运维管理较复杂； （2）维护成本较高
		5	A/O－MBR工艺	适用于进水污染物浓度较高，出水标准一级A或准地表四类水，最佳处理规模为50～500 t/d的一体化成套设备	（1）出水水质好； （2）出水可直接作为回用水； （3）占地面积小； （4）罐体小便于运输； （5）膜吹扫采用节能脉冲曝气器； （6）可根据进水负荷情况调整合适的处理工艺，可实现A/A/O+MBR、A/A/O、A/A/O+UF三种工艺模式切换运行； （7）吨水设备投资3000～6000元；吨水电费0.5元，吨水药剂费0.1元	（1）膜价格较高； （2）当采用MBR工艺运行时成本高； （3）膜对运维要求高； （4）不适用于低进水负荷度
		6	A/A/O+MBR工艺	适用于经济条件好，对水质要求较高的村镇污水处理，出水优于一级A标准要求	占地小、易于实现自动控制、操作管理方便	（1）膜价格较高； （2）运行成本高； （3）对运维要求高； （4）不适用于低进水负荷度
		7	兼氧FMBR工艺	适用于经济条件好、对水质要求较高的村镇污水处理，出水优于一级A标准要求	（1）采用兼氧F+MBR处理工艺，多池合一； （2）采用沉水式鼓风机，噪声低； （3）无配套加药系统，工艺设备较少，操作简便	（1）污泥排放需要泵车抽吸，气化除磷机理不明晰； （2）无加药系统，水质不佳时，调整的空间缺乏； （3）未配备MBR膜在线清洗系统，需不定期吊装离线清洗
		8	净化槽式PSDEO－MBR工艺	适用于人口密度较低的农村地区（散户）村镇污水分散式处理，出水可达一级A标准	主要是利用A/A/O+MBR技术，将生化系统中的厌氧区、缺氧区、好氧区、MBR膜处理区有效集成于一体，采用活性污泥法与生物膜法相结合，膜组件取代了传统生物处理技术、二沉池和深度处理组合工艺，节省能耗、施工简单、维护管理方便	（1）膜价格较高； （2）运行成本高； （3）对运维要求高； （4）不适用于低进水负荷度

续表

分类序号	技术分类	技术项排序	技术名称	适用范围	技术指标/技术优势	技术劣势/局限性
4	A/A/O+组合工艺	9	A/A/O+污泥消减工艺	适用于人口集聚程度高、土地资源紧张、环境敏感性较高的村镇污水处理，出水可达一级A标准	（1）恒温技术、节能搅拌、污泥好氧减量； （2）污泥消减技术可实现有机物零排放，免去污泥处置费； （3）微纳米曝气技术	（1）恒温技术额外增加能耗； （2）污泥消减技术运行稳定可靠性需进一步验证
		10	FBR发酵槽改良A/A/O+发酵强化工艺	适用于经济条件好、对水质要求较高的村镇污水处理，出水可达一级B、一级A标准	（1）运行稳定、设备寿命长、管理智能； （2）5~50 t处理规模的吨水设备投资6000~8000元，运行电耗0.6 kW·h/m^3，吨水药剂费0.1元，直接吨水运营成本0.4~0.5元/m^3	工艺流程较长，设备配置较多，运维管理较复杂
		11	BioComb接触氧化工艺	适用于人口集聚程度高、土地资源紧张、环境敏感性不高的村镇污水处理，出水可达一级B、一级A标准	（1）泥膜工艺（IFAS或HYBAS）； （2）MAT高效曝气器、低溶解氧控制； （3）高回流比、高效速沉、硝化液气提回流； （4）系统运行能耗低，运行电耗0.15~0.4 kW·h/m^3	（1）对控制要求高，需要定制的控制系统； （2）挂膜填料特殊，非市场通用材料
		12	VFL垂直流迷宫工艺	适用于人口集聚程度高、土地资源紧张、环境敏感性不高的村镇污水处理，出水可达一级B、一级A标准	（1）专有PLC系统监测好氧区氧化还原电位ORP，自动调节污泥回流比、曝气时间； （2）活性污泥絮体颗粒大，沉淀性能好，抗冲击负荷强； （3）系统运行的电耗和药耗低。以500 t/d规模计，水电费0.3元/t，吨水药剂费0.1元	（1）垂直迷宫流工艺属于专利技术，配套设备、控制系统供应商为单一来源，建设成本高； （2）工艺除磷原理不明晰，异于传统除磷理论，需要进一步验证除磷效果； （3）工艺运行调节仅依靠OPR值，调节滞后可能导致出水短时期内TN、NH_3-N超标

续表

分类序号	技术分类	技术项排序	技术名称	适用范围	技术指标/技术优势	技术劣势/局限性
5	A/O组合工艺和多级A/O串联组合工艺	13	多级A/O+微生态滤床工艺	适用于经济条件好，对水质要求较高的村镇污水处理，出水可达一级A标准	（1）设施环境友好； （2）采用多级A/ O接触氧化处理工艺，能适应碳源偏低的污水； （3）曝气风机采用低能耗的小型离心风机； （4）系统弹性较好，可扩展；设备内悬挂填料，抗水质负荷强；一体化设备前设置调节池，调节水量和水质； （5）采用无须加油的风机，降低设备故障率； （6）维护便利：理论排泥周期15~20天，污泥定期用吸粪车抽吸集中处置；植物冬季收割一次； （7）环境友好、噪声小、无异味、景观效应好；微生态滤床植物发芽可作为产品对外销售，产生经济效益； （8）吨水运行电耗1.307 kW·h/m^3，电费以0.6元/(kW·h）计，该污水站吨水电耗运行成本0.784元	（1）微生态滤床表面植物需经常维护，维护不当易造成部分植物死亡，影响出水水质； （2）一体化设施未安装出水消毒设施； （3）排泥系统需人工采用移动泵车抽吸，操作不便捷，有待进一步改进； （4）无备用的加药系统，如碳源等，水质不佳时，调整的空间缺乏； （5）缺少远程监控系统，无人值守存在一定的困难
		14	多级A/O生物接触氧化+软性固定填料过滤	适用于人口集聚程度高、土地资源紧张、环境敏感性不高的村镇污水处理，出水可达一级A标准	（1）采用多级A+多级O接触氧处理工艺，能适应碳源偏低的污水； （2）A池配有移动式缺氧填料，O池配有移动式好氧填料； （3）前端采用电解除磷模块进行除磷； （4）设备主体材质为Q345（低合金高强度结构钢）； （5）曝气风机采用较低能耗的空气气泵； （6）污泥回流采用空气气提； （7）溶解药箱采用空气搅拌，进一步降低了污水处理能耗； （8）一体化设备内设施布置紧凑，外观简洁大方； （9）可进行远程监控、PC端/APP控制，实现无人值守； （10）运行电耗1.309 kW·h/m^3，电费以0.6元/(kW·h）计，该污水站吨水电耗运行成本为0.785元/m^3	（1）电解除磷效果受干扰因素较多，除磷效果难以保证； （2）缺乏出水消毒设施

续表

分类序号	技术分类	技术项排序	技术名称	适用范围	技术指标/技术优势	技术劣势/局限性
5	A/O组合工艺和多级A/O串联组合工艺	15	多级A/O+MBR	适用于经济条件好，对水质要求较高的村镇污水处理，出水可达一级A标准	(1) 考虑冬季水温低，设备外体设置了橡塑材料整体保温，进水增设了电伴热装置；(2) 采用多级（A+O）串联+MBR生化处理工艺，能适应碳源比较充足的污水；(3) 设备选型配置齐全，关键设备均设有备用；(4) 可进行远程监控、PC端/APP控制，实现无人值守；(5) <10、10~20、20~30、30~50、50~100、100~200 m^3/d运行电耗成本分别为1.35、0.9、0.9、0.8、0.71、0.63元，电费按0.6元/(kW·h)计算	(1) 多级A/O工艺需氧量大，硝化液回流泵、污泥回流泵配置复杂，造成风机选型功率大，能耗很高；(2) 生活污水进水COD_{Cr}浓度较低，碳源不足，生化系统较难建立，有机物去除效果难以保证；(3) MBR膜需定期化学清洗，3~5年更换，运行成本较高
		16	多级A/O生物接触氧化净化槽	适用于经济条件相对较好的村镇污水处理，出水可达一级B、一级A标准，适用处理规模1~50 t/d	占地小、易于实现自动控制、操作管理方便；单位运行直接成本约0.7~1.0元/m^3	(1) 不适合大流量处理；(2) 设备外体强度不高；(3) 洪水时期，埋地式处理站已被淹没
		17	好氧-厌氧反复耦合(rCAA)污泥减量化技术	适用于经济条件相对较好的村镇污水处理，出水可达一级B、一级A标准	集多级A/O技术、MBBR技术于一体，并利用多点进水、池内添加自主研发的结构可控的多孔微生物载体等手段，运行稳定、抗冲击性强、污泥减量明显、维护管理方便	(1) 多级O工艺需氧量大，能耗较高；(2) 生活污水进水COD_{Cr}浓度较低，碳源不足，生化系统较难建立，有机物去除效果难以保证
		18	生物接触氧化(A/O)+人工湿地和“同位硝化反硝化滤床”工艺	适用于有一定空闲土地的村镇污水处理，适用处理规模150 t/d以下，出水可达一级A标准	多生物相菌胶团填料和生物滤床结合，同步硝化反硝化	(1) 不适合大流量处理；(2) 占地面积较大，对周边环境有一定影响
		19	净化槽A/O技术	适用于经济条件相对较好的村镇污水处理，处理规模10 t/d以下，出水可达一级B、一级A标准	占地小、易于实现自动控制、操作管理方便。处理规模1~10 t/d时，投资1.5万~1.8万元/m^3	(1) 不适合大流量处理；(2) 设备外体强度不高；(3) 洪水时期，埋地式处理站易被淹没

续表

分类序号	技术分类	技术项排序	技术名称	适用范围	技术指标/技术优势	技术劣势/局限性
6	生态处理工艺	20	微动力好氧处理工艺和高负荷地下渗滤工艺	适用于经济条件相对较好的村镇污水处理，处理规模100 t/d以下，出水可达一级B、一级A标准	节省能耗、施工简单、维护管理方便	（1）占地面积较大，不适合大规模设施； （2）出水水质整体不高
		21	微动力庭院式污水处理工艺	适用于人口密度较低、管道敷设难度大或造价高的农村地区（散户）村镇污水分散式处理，适用处理规模1 t/d以下，满足地标要求	（1）因地制宜，能耗低，适用于分散污水治理； （2）设备加安装费用约单套1万元； （3）直接运行费用单套年费用约100~200元	（1）占地面积较大，不适合大规模设施； （2）出水水质整体不高
		22	人工快速渗滤	适用于有一定空闲土地的村镇污水处理，处理规模150 t/d以下，出水可达一级B、一级A标准	节省能耗、施工简单、对进水SS要求较高	（1）占地面积较大； （2）出水水质整体不高
7	生物滤池工艺	23	循环生物滤池工艺	适用于小规模分散污水点源治理，尤其适用于进水水质、水量波动剧烈的农村地区，最佳处理规模5~200 t/d，出水水质指标（除TN外）可达一级A标准，可稳定满足各地方农村生活污水处理地方标准	（1）抗水质水量冲击负荷。创新设计的循环缓冲系统让该工艺具备极强的抗水质水量负荷冲击能力，确保出水水质稳定达标； （2）运行能耗低。与常规工艺相比，由于该技术省去了风机、搅拌器和回流泵等，运行电耗很低，吨水电耗不超过0.3元； （3）免操作，低维护。整个系统只有一台泵作为动力设备，免去复杂的运行工序，维护管理变得极其简单，直接运行费用0.3~0.4元/m^3	该技术中生物滤池工艺为核心，因此在设施占地面积上会大于活性污泥法类工艺，但小于生态类工艺。吨水占地面积2~4 m^2（不含绿化道路）

附录 B　全国各省（自治区、直辖市）主要农村污水排放标准摘要

1. 北京市

北京市 DB 11/1612—2019《农村生活污水处理设施水污染物排放标准》于 2019 年 1 月 10 日起实施。该标准分一级、二级和三级共三档标准，包括了 pH 值、悬浮物（SS）、五日生化需氧量（BOD_5）、化学需氧量（COD_{Cr}）、氨氮、总氮、总磷、动植物油等控制指标。该标准还指出农村生活污水处理宜因地制宜，优先选用生态处理工艺。北京市农村生活污水处理设施水污染物排放限值见附表 1。

附表 1　北京市农村生活污水处理设施水污染物排放限值

<table>
<tr><th rowspan="2">序号</th><th rowspan="2">污染物或项目名称</th><th rowspan="2">单位</th><th colspan="2">一级标准</th><th colspan="2">二级标准</th><th rowspan="2">三级标准</th><th rowspan="2">污染物排放监控位置</th></tr>
<tr><th>A 标准</th><th>B 标准</th><th>A 标准</th><th>B 标准</th></tr>
<tr><td>1</td><td>pH 值</td><td>—</td><td colspan="5">6~9</td><td>处理工艺末端排放口</td></tr>
<tr><td>2</td><td>悬浮物（SS）</td><td rowspan="7">mg/L</td><td colspan="2">15</td><td colspan="2">20</td><td>30</td><td>处理工艺末端排放口</td></tr>
<tr><td>3</td><td>五日生化需氧量（BOD_5）</td><td colspan="2">6</td><td>10</td><td>20</td><td>30</td><td>处理工艺末端排放口</td></tr>
<tr><td>4</td><td>化学需氧量（COD_{Cr}）</td><td colspan="2">30</td><td>50</td><td>60</td><td>100</td><td>处理工艺末端排放口</td></tr>
<tr><td>5</td><td>氨氮[a]</td><td colspan="2">1.5（2.5）</td><td>5（8）</td><td>8（15）</td><td>25</td><td>处理工艺末端排放口</td></tr>
<tr><td>6</td><td>总氮</td><td>15</td><td>20</td><td colspan="2">—</td><td>—</td><td>处理工艺末端排放口</td></tr>
<tr><td>7</td><td>总磷（以 P 计）</td><td>0.3</td><td>0.5</td><td>0.5</td><td>1.0</td><td>—</td><td>处理工艺末端排放口</td></tr>
<tr><td>8</td><td>动植物油</td><td colspan="2">0.5</td><td>1.0</td><td>3.0</td><td>—</td><td>处理工艺末端排放口</td></tr>
</table>

注：a. 12 月 1 日—3 月 31 日执行括号内的排放限值。

2. 上海市

上海市 DB 31/1163—2019《农村生活污水处理设施水污染物排放标准》于 2019 年 7 月 1 日起实施。该标准分一级 A、一级 B 两档标准，包括了 pH 值、COD_{Cr}、SS、氨氮、总氮、总磷、阴离子表面活性剂、动植物油等控制指标。该标准还要求农村生活污水处理设施产生的污泥应合理处置，并遵循资源化利用优先的原则，污泥经处理达到相应泥质标准后，可就地还田、还林。上海市农村生活污水处理设施水污染物排放限值见附表 2。

附表 2　上海市农村生活污水处理设施水污染物排放限值

<table>
<tr><th>序号</th><th>控制项目名称</th><th>单位</th><th>一级 A 标准</th><th>一级 B 标准</th></tr>
<tr><td>1</td><td>pH 值</td><td>—</td><td colspan="2">6~9</td></tr>
<tr><td>2</td><td>化学需氧量（COD_{Cr}）</td><td>mg/L</td><td>50</td><td>60</td></tr>
</table>

续表

序号	控制项目名称	单位	一级A标准	一级B标准
3	悬浮物（SS）	mg/L	10	20
4	氨氮		8	15
5	总氮（以N计）		15	25
6	总磷（以P计）		1	2
7	阴离子表面活性剂[a]		0.5	1
8	动植物油[a]		1	3

注：a. 仅针对含乡村旅游污水的处理设施。

3. 广东省

广东省DB 44/2208—2019《农村生活污水处理排放标准》于2020年1月1日起实施，该标准分一级、二级、三级共三档标准，包括了pH值、悬浮物、化学需氧量、氨氮、动植物油、总磷、总氮等控制指标，适用于处理规模小于500 m^3/d的农村生活污水处理设施的水污染物排放管理。广东省农村生活污水处理设施水污染物排放限值见附表3。

附表3　广东省农村生活污水处理设施水污染物排放限值

序号	控制项目名称	单位	限值		
			一级标准	二级标准	三级标准
1	pH值	—	6~9		
2	悬浮物	mg/L	20	30	50
3	化学需氧量		60	70	100
4	氨氮[a]		8（15）	15	25
5	动植物油[b]		3	5	
6	总磷[c]		1	—	—
7	总氮[d]		20	—	—

注：a. 氨氮指标括号内的数值为水温≤12 ℃的控制指标；

b. 动植物油指标仅针对含提供餐饮服务的农村旅游项目的生活污水处理设施执行；

c. 总磷指标仅针对出水排入封闭水体或总磷超标的水体的生活污水处理设施执行；

d. 总氮指标仅针对出水排入封闭水体或总氮超标的水体的生活污水处理设施执行。

4. 江苏省

江苏省DB 32/T 3462—2020《农村生活污水处理设施水污染物排放标准》于2020年11月13日起实施。该标准分一级、二级、三级共三档标准，包括了pH值、化学需氧量、悬浮物、氨氮、总氮、总磷、动植物油等控制指标，适用于设计日处理能力小于500 m^3的农村生活污水处理设施的水污染物排放管理。江苏省农村生活污水处理设施水污染物排放限值见附表4。

附表 4　江苏省农村生活污水处理设施水污染物排放限值

<table>
<tr><th rowspan="2">序号</th><th rowspan="2">控制项目</th><th rowspan="2">单位</th><th colspan="2">一级标准</th><th rowspan="2">二级标准</th><th rowspan="2">三级标准</th></tr>
<tr><th>A</th><th>B</th></tr>
<tr><td>1</td><td>pH 值</td><td>—</td><td colspan="4">6~9</td></tr>
<tr><td>2</td><td>化学需氧量</td><td rowspan="6">mg/L</td><td colspan="2">60</td><td>100</td><td>120</td></tr>
<tr><td>3</td><td>悬浮物</td><td colspan="2">20</td><td>30</td><td>50</td></tr>
<tr><td>4</td><td>氨氮（以 N 计）</td><td colspan="2">8（15）[a]</td><td>15</td><td>25</td></tr>
<tr><td>5</td><td>总氮（以 N 计）</td><td>20</td><td colspan="2">30 [b]</td><td>—</td></tr>
<tr><td>6</td><td>总磷（以 P 计）</td><td>1</td><td colspan="2">3 [c]</td><td>—</td></tr>
<tr><td>7</td><td>动植物油[d]</td><td colspan="2">3</td><td>5</td><td>20</td></tr>
</table>

注：设计日处理能力<5 m^3 的农村生活污水处理设施不考核总氮和总磷。

a. 括号外数值为水温>12 ℃时的排放限值，括号内数值为水温≤12 ℃时的排放限值；

b. 针对排放对象为封闭、半封闭水体（含湖库、池塘、断头浜等）或超标因子为氮的不达标水体；

c. 针对排放对象为封闭、半封闭水体（含湖库、池塘、断头浜等）或超标因子为磷的不达标水体；

d. 针对接纳餐饮废水的农村生活污水处理设施。

5. 湖南省

湖南省 DB 43/1665—2019《农村生活污水处理设施水污染物排放标准》于 2020 年 3 月 31 日起实施。该标准分一级、二级、三级共三档，包括了 pH 值、SS、COD_{Cr}、氨氮、总氮、总磷、动植物油等控制指标，适用于处理规模小于 500 m^3/d 的农村生活污水处理设施水污染物排放管理。湖南省农村生活污水处理设施水污染物排放限值见附表 5。

附表 5　湖南省农村生活污水处理设施水污染物排放限值

<table>
<tr><th>序号</th><th>控制项目</th><th>单位</th><th>一级标准</th><th>二级标准</th><th>三级标准</th></tr>
<tr><td>1</td><td>pH 值</td><td>—</td><td colspan="3">6~9</td></tr>
<tr><td>2</td><td>悬浮物（SS）</td><td rowspan="6">mg/L</td><td>20</td><td>30</td><td>50</td></tr>
<tr><td>3</td><td>化学需氧量（COD_{Cr}）</td><td>60</td><td>100</td><td>120</td></tr>
<tr><td>4</td><td>氨氮（以 N 计）[a]</td><td>8（15）</td><td colspan="2">25（30）</td></tr>
<tr><td>5</td><td>总氮（以 N 计）[b]</td><td>20</td><td colspan="2">—</td></tr>
<tr><td>6</td><td>总磷（以 P 计）[b]</td><td>1</td><td colspan="2">3</td></tr>
<tr><td>7</td><td>动植物油[c]</td><td>3</td><td colspan="2">5</td></tr>
</table>

注：a. 括号外数值为水温>12 ℃时的控制指标，括号内数值为水温≤12 ℃时的控制指标；

b. 出水排入封闭水体或超标因子为氮磷的不达标水体时增加的控制指标；

c. 进水含餐饮服务的农村污水处理设施增加的控制指标。

6. 湖北省

湖北省 DB 42/1537—2019《农村生活污水处理设施水污染物排放标准》于 2020 年 7 月 1 日起实施。该标准分一级、二级、三级共三档标准，选择了 pH 值、COD_{Cr}、SS 和氨氮四项污染物作为基本控制指标，选取总氮、总磷和动植物油三项污染物作为选择控制指标，适用于除城镇建成区以外且规模小于 500 m^3/d 的农村生活污水处理设施的水污染物排放管理。湖北省农村生活污水处理设施基本控制项目水污染物排放限值详见附表 6-1，湖北省农村生活污水处理设施选择控制项目水污染物排放限值见附表6–2。

附表6–1 湖北省农村生活污水处理设施基本控制项目水污染物排放限值

序号	基本控制项目	单位	一级标准	二级标准	三级标准
1	pH值	—	6~9		
2	悬浮物（SS）	mg/L	20	30	50
3	化学需氧量（COD_{Cr}）		60	100	120
4	氨氮（NH_3–N）		8（15）		25（30）

注：括号外数值为水温>12 ℃时的控制指标，括号内数值为水温≤12 ℃时的控制指标。

附表6–2 湖北省农村生活污水处理设施选择控制项目水污染物排放限值 单位：mg/L

序号	选择控制项目	一级标准	二级标准	三级标准
1	总氮（TN）	20	25	—
2	总磷（以P计）	1	3	—
3	动植物油	3	5	10

7. 山东省

山东省DB 37/3693—2019《农村生活污水处理处置设施水污染物排放标准》于2020年3月27日起实施。该标准分一级、二级共两档标准，选取了pH值、COD_{Cr}、SS、氨氮作为基本控制指标，选取总氮、总磷、粪大肠菌群数、动植物油作为条件性控制指标，适用于处理规模小于500 m^3/d的农村生活污水处理设施水污染物排放管理。山东省农村生活污水处理处置设施水污染物排放限值见附表7。

附表7 山东省农村生活污水处理处置设施水污染物排放限值

序号	污染物项目	单位	限值	
			一级标准	二级标准
1	pH值	—	6~9	
2	化学需氧量（COD_{Cr}）	mg/L	60	100
3	悬浮物（SS）		20	30
4	氨氮（NH_3–N）		8（15）	15（20）
5	总氮（以N计）		20	—
6	总磷（以P计）		1.5	—
7	粪大肠菌群数	MPN/L	10 000	—
8	动植物油	mg/L	5	10

注：1. 氨氮指标括号外数值为水温>12 ℃时的控制指标，括号内数值为水温≤12 ℃时的控制指标。
2. 总氮指标适用于出水直接排入封闭水体或超标因子为总氮水体的情形。
3. 总磷指标适用于出水直接排入封闭水体或超标因子为总磷水体的情形。
4. 粪大肠菌群数指标适用于设施规模大于100 m^3/d（含），且出水直接排入GB 3838—2002中Ⅲ类水域、GB 3097—1997中二类海域的情形。
5. 动植物油指标适用于提供餐饮服务的农村旅游项目生活污水的处理设施。

8. 山西省

山西省DB 14/726—2019《农村生活污水处理设施水污染物排放标准》于2019年

11 月 1 日起实施。该标准分一级、二级、三级共三档标准，选取了 pH 值、COD_{Cr}、SS、氨氮作为基本控制指标，选取总氮、总磷、动植物油作为选择控制指标，主要依据农村生活污水处理设施规模和排水去向来划分，适用于处理规模小于 500 m^3/d 的农村生活污水处理设施水污染物排放管理。山西省农村生活污水处理设施基本控制项目水污染物排放限值见附表 8-1，山西省农村生活污水处理设施选择控制项目水污染物排放限值见附表 8-2。

附表 8-1　山西省农村生活污水处理设施基本控制项目水污染物排放限值

序号	控制项目	单位	一级标准	二级标准	三级标准
1	pH 值	—	6~9		
2	化学需氧量（COD_{Cr}）	mg/L	50	60	80
3	悬浮物（SS）		20	30	50
4	氨氮（以 N 计）[a]		5（8）	8（15）	15（20）

注：a. 括号外数值为水温>12 ℃时的控制指标，括号内数值为水温≤12 ℃时的控制指标。

附表 8-2　山西省农村生活污水处理设施选择控制项目水污染物排放限值　单位：mg/L

序号	控制项目	一级标准	二级标准	三级标准
1	总氮（以 N 计）	20	30	—
2	总磷（以 P 计）	1.5	3	—
3	动植物油	3	5	10

9. 河南省

河南省 DB 41/1820—2019《农村生活污水处理设施水污染物排放标准》于 2019 年 7 月 1 日起实施。该标准分一级、二级、三级共三档标准，包括了 pH 值、SS、COD_{Cr}、氨氮、总氮、总磷、动植物油等控制指标，适用于处理规模小于 500 m^3/d 的农村生活污水处理设施的水污染物排放管理。河南省农村生活污水处理设施水污染物排放限值见附表 9。

附表 9　河南省农村生活污水处理设施水污染物排放限值

序号	污染物或项目名称	单位	一级标准	二级标准	三级标准
1	pH 值	—	6~9		
2	悬浮物（SS）	mg/L	20	30	50
3	化学需氧量（COD_{Cr}）		60	80	100
4	氨氮（NH_3-N）		8（15）	15（20）	20（25）
5	总氮（以 N 计）		20	—	—
6	总磷（以 P 计）		1	2	—
7	动植物油		3	5	5

注：氨氮最高允许排放浓度括号外的数值为水温>12 ℃的控制要求，括号内的数值为水温≤12 ℃的控制要求。

10. 河北省

河北省 DB 13/2171—2020《农村生活污水排放标准》于 2021 年 3 月 1 日起实施。该标准分一级、二级、三级共三档标准，包含了 pH 值、COD_{Cr}、SS、总氮、氨氮、总磷、动植物油、粪大肠菌群数等控制指标，适用于处理规模在 5~500 m^3/d（不含）的农村生活污水处理设施的水污染物排放管理。河北省农村生活污水处理设施水污染物排放限值见附表 10。

附表 10　河北省农村生活污水处理设施水污染物排放限值

<table>
<tr><th>序号</th><th>控制项目名称</th><th>单位</th><th>一级标准</th><th>二级标准</th><th>三级标准</th></tr>
<tr><td>1</td><td>pH 值</td><td>—</td><td colspan="3">6~9</td></tr>
<tr><td>2</td><td>化学需氧量（COD_{Cr}）</td><td rowspan="6">mg/L</td><td>50</td><td>60</td><td>100</td></tr>
<tr><td>3</td><td>悬浮物（SS）</td><td>10</td><td>20</td><td>30</td></tr>
<tr><td>4</td><td>氨氮（NH_3-N）</td><td>5（8）[a]</td><td>8（15）[a]</td><td>15</td></tr>
<tr><td>5</td><td>总氮（以 N 计）</td><td>15</td><td>20</td><td>30</td></tr>
<tr><td>6</td><td>总磷（以 P 计）</td><td>0.5</td><td>1</td><td>3</td></tr>
<tr><td>7</td><td>动植物油[b]</td><td>1</td><td>3</td><td>5</td></tr>
<tr><td>8</td><td>粪大肠菌群数</td><td>MPN/L</td><td>10^3</td><td>10^4</td><td>10^4</td></tr>
</table>

注：a. 括号外数值为水温>12 ℃时的控制要求，括号内数值为水温≤12 ℃时的控制要求；
b. 动植物油指标仅适用于含餐饮服务行业排水的农村生活污水处理设施。

11. 天津市

天津市 DB 12/889—2019《农村生活污水处理设施水污染物排放标准》于 2019 年 7 月 10 日起实施。该标准分一级、二级共两档标准，包括了 pH 值、SS、COD_{Cr}、氨氮、总氮、总磷和动植物油共 7 项控制指标，适用于处理规模小于 500 m^3/d（不含）的农村生活污水处理设施水污染物排放管理，不适用于混入工业废水或畜禽养殖废水的农村生活污水处理设施水污染物排放管理。天津市农村生活污水处理设施水污染物排放限值见附表 11。

附表 11　天津市农村生活污水处理设施水污染物排放限值

<table>
<tr><th>序号</th><th>控制项目名称</th><th>单位</th><th>一级标准</th><th>二级标准</th></tr>
<tr><td>1</td><td>pH 值</td><td>—</td><td colspan="2">6~9</td></tr>
<tr><td>2</td><td>悬浮物（SS）</td><td rowspan="6">mg/L</td><td colspan="2">20</td></tr>
<tr><td>3</td><td>化学需氧量（COD_{Cr}）</td><td>50</td><td>60</td></tr>
<tr><td>4</td><td>氨氮（以 N 计）[a]</td><td>5（8）</td><td>8（15）</td></tr>
<tr><td>5</td><td>总氮（以 N 计）</td><td>20</td><td>—</td></tr>
<tr><td>6</td><td>总磷（以 P 计）</td><td>1</td><td>2</td></tr>
<tr><td>7</td><td>动植物油类[b]</td><td>3</td><td>5</td></tr>
</table>

注：a. 每年 11 月 1 日至次年 3 月 31 日执行括号内的排放限值；
b. 仅针对含农家乐废水的农村生活污水处理设施执行。

12. 浙江省

浙江省 DB 33/973—2021《农村生活污水处理设施水污染物排放标准》于 2022 年 1 月

1 日起实施。该标准分一级、二级共两档标准，选取 pH 值、SS、COD_{Cr}、氨氮和总磷作为基本控制项目，选取总氮、粪大肠菌群和动植物油作为选择控制指标，适用于设计规模小于 500 m^3/d 的农村生活污水处理设施水污染物排放管理。浙江省农村生活污水处理设施水污染物排放限值见附表 12-1。

附表 12-1　浙江省农村生活污水处理设施水污染物排放限值

序号	控制类型	污染物项目	单位	一级标准	二级标准
1	基本控制项目	pH 值	—	6~9	
2		化学需氧量（COD_{Cr}）	mg/L	60	100
3		悬浮物（SS）		20	30
4		氨氮（以 N 计）		8（15）[a]	25（15）[b]
5		总磷（以 P 计）[c]		2（1）	3（2）
6	选择控制项目	总氮（以 N 计）[d]		20	—
7		粪大肠菌群/(MPN/L)	MPN/L	10 000	10 000[e]
8		动植物油[f]	mg/L	3	5

注：a. 括号内数值为每年 11 月 1 日至次年 3 月 31 日执行；
b. 括号内数值为出水排入黑臭水体的限值；
c. 括号内数值为出水排入封闭水体、半封闭水体和省、市、县级等水质断面磷超标水体的限值；
d. 出水排入封闭水体、半封闭水体；
e. 县级人民政府指定控制区域；
f. 排入含油污水的处理设施。

2021 年 9 月 22 日，浙江省市场监督管理局批准发布了 DB 33/T 2377—2021《农村生活污水户用处理设施水污染物排放要求》，规定了设计规模在 5 m^3/d（含）以下农村生活污水处理设施排放标准，浙江省农村生活污水户用处理设施排入重点或敏感区域的水污染物排放限值见附表 12-2，浙江省农村生活污水户用处理设施排入其他区域的水污染物排放限值见附表 12-3。

附表 12-2　浙江省农村生活污水户用处理设施排入重点或敏感区域的水污染物排放限值

序号	控制类型	污染物项目	单位	限　值
1	基本控制项目	pH 值/无量纲	—	6~9
2		化学需氧量（COD_{Cr}）	mg/L	60
3		悬浮物（SS）		20
4		氨氮（以 N 计）[a]		8（15）
5		总磷（以 P 计）[b]		2（1）
6		粪大肠菌群	MPN/L	10 000
7	选择控制项目	总氮（以 N 计）[c]	mg/L	20

注：a. 括号内数值为每年 11 月 1 日至次年 3 月 31 日执行；
b. 括号内数值为出水排入封闭水体、半封闭水体和省、市、县级等水质断面磷超标水体的限值；
c. 出水排入封闭水体、半封闭水体的限值。

附表 12-3　浙江省农村生活污水户用处理设施排入其他区域的水污染物排放限值

序号	污染物项目		单位	限　　值
1	基本控制项目	pH 值	—	6~9
2		化学需氧量（COD_{Cr}）	mg/L	100
3		悬浮物（SS）		30
4		氨氮（以 N 计）		25
5	选择控制项目	总磷（以 P 计）[a]		3
6		粪大肠菌群[b]	MPN/L	10 000

注：a. 括号内数值为出水排入封闭水体、半封闭水体和省、市、县级等水质断面磷超标水体的限值；

b. 县级政府指定的控制区域执行的限值。

13. 安徽省

安徽省 DB 34/3527—2019《农村生活污水处理设施水污染物排放标准》于 2020 年 1 月 1 日起实施。该标准分一级、二级共两档标准，包含了 pH 值、COD_{Cr}、SS、氨氮、总氮、总磷、粪大肠菌群数和动植物油等指标，适用于处理规模小于 500 m^3/d 的农村生活污水处理设施水污染物排放管理。安徽省农村生活污水处理设施水污染物排放限值见附表 13。

附表 13　安徽省农村生活污水处理设施水污染物排放限值

序号	污染物或项目名称	单位	一级标准		二级标准
			A 标准	B 标准	
1	pH 值	—	6~9		
2	化学需氧量（COD_{Cr}）	mg/L	50	60	100
3	悬浮物（SS）		20	30	50
4	氨氮（以 N 计）[a]		8（15）	15（25）	25（30）
5	总氮（以 N 计）[b]		20	30	—
6	总磷（以 P 计）[c]		1	3	—
7	粪大肠菌群数[d]	MPN/L	10 000	—	—
8	动植物油[e]	mg/L	3	5	5

注：a. 氨氮指标括号外的数值为水温>12 ℃的控制指标，括号内的数值为水温≤12 ℃的控制指标；

b. 总氮指标适用于设施出水直接排入湖、库等封闭水体或超标因子为总氮水体的情形；

c. 总磷指标适用于设施出水直接排入湖、库等封闭水体或超标因子为总磷水体的情形；

d. 粪大肠菌群数指标适用于设施出水执行一级 A 标准的情形；

e. 动植物油指标适用于提供餐饮服务的农村旅游项目生活污水的处理设施。

14. 福建省

福建省 DB 35/1869—2019《农村生活污水处理设施水污染物排放标准》于 2019 年 12 月 1 日起执行。该标准分一级、二级两档标准，选取了 pH 值、SS、COD_{Cr}、氨氮作为基本控制项目，选取了总氮、总磷、动植物油作为选择性控制项目，适用于处理规模小于 500 m^3/d 的农村生活污水处理设施水污染物排放管理。福建省农村生活污水处理设施水污染物排放限值见附表 14。

附表 14　福建省农村生活污水处理设施水污染物排放限值

序号	污染物或项目名称		单位	一级标准	二级标准		备注
					A 标准	B 标准	
1	基本控制项目	pH 值	—	6~9		—	—
2		悬浮物（SS）	mg/L	20	30	50	—
3		化学需氧量（COD_{Cr}）		60	100	120	—
4		氨氮（以 N 计）		8	15（25）	15（25）	氨氮指标中“（）”内数值为出水排入黑臭水体时的控制指标
5	选择性控制项目	总氮（以 N 计）		20	—	—	出水排入湖泊等封闭水体或超标因子为氮的不达标水体时，执行总氮指标
6		总磷（以 P 计）		1	3	—	出水排入湖泊等封闭水体或超标因子为磷的不达标水体时，执行总磷指标
7		动植物油		3	5	5	对纳入提供餐饮服务农村旅游项目生活污水的农村生活污水处理设施，执行动植物油指标

15. 江西省

江西省 DB 36/1102—2019《农村生活污水处理设施水污染物排放标准》于 2019 年 9 月 1 日起实施。该标准分一级、二级、三级共三档标准，包含了 pH 值、SS、COD_{Cr}、氨氮、总氮、总磷、动植物油等控制指标，适用于设计处理规模小于 500 m^3/d（不含）的农村生活污水处理设施水污染物排放管理。江西省农村生活污水处理设施水污染物排放限值见附表 15。

附表 15　江西省农村生活污水处理设施水污染物排放限值

序号	污染物项目	单位	一级标准	二级标准	三级标准
1	pH 值	—	6~9		
2	悬浮物（SS）	mg/L	20	30	50
3	化学需氧量（COD_{Cr}）		60	100	120
4	氨氮（以 N 计）[a]		8（15）	25（30）	25（30）
5	总氮（以 N 计）		20	—	—
6	总磷（以 P 计）		1	3	—
7	动植物油类[b]		3	5	—

注：a. 氨氮指标括号外数值为水温>12 ℃时的控制指标，括号内数值为水温≤12 ℃时的控制指标；

b. 动植物油类仅针对含农家乐餐饮污水的处理设施执行。

16. 广西壮族自治区

广西壮族自治区 DB 45/2413—2021《农村生活污水处理设施水污染物排放标准》于 2022 年 6 月 27 日起实施，该标准分一级、二级、三级共三档标准，包含了 pH 值、SS、

COD_{Cr}、氨氮、总氮、总磷、动植物油等控制指标，适用于城镇建成区以外地区规模小于 500 m^3/d 的农村生活污水处理设施水污染物排放管理。广西壮族自治区农村生活污水处理设施水污染物排放限值见附表 16。

附表 16　广西壮族自治区农村生活污水处理设施水污染物排放限值

<table>
<tr><th>序号</th><th>污染物或项目名称</th><th>单位</th><th>一级标准</th><th>二级标准</th><th colspan="2">三级标准</th></tr>
<tr><td>1</td><td>pH 值</td><td>—</td><td colspan="4">6~9</td></tr>
<tr><td>2</td><td>化学需氧量（COD_{Cr}）</td><td rowspan="6">mg/L</td><td>60</td><td>100</td><td colspan="2">120</td></tr>
<tr><td>3</td><td>悬浮物（SS）</td><td>20</td><td>30</td><td colspan="2">50</td></tr>
<tr><td>4</td><td>氨氮（NH_3-N）</td><td>8（15）[a]</td><td>15</td><td>15 [b]</td><td>25 [c]</td></tr>
<tr><td>5</td><td>总氮（以 N 计）[d]</td><td>20</td><td colspan="3">—</td></tr>
<tr><td>6</td><td>总磷（以 P 计）[e]</td><td>1.5</td><td>3</td><td colspan="2">5</td></tr>
<tr><td>7</td><td>动植物油[f]</td><td>3</td><td>5</td><td colspan="2">20</td></tr>
</table>

注：a. 括号外的数值为水温>12 ℃时的控制指标，括号内的数值为水温≤12 ℃时的控制指标；

b. 出水排入稀释能力较小的、封闭或半封闭的水体；

c. 出水排入除稀释能力较小的、封闭或半封闭以外的水体；

d. 出水排入封闭水体或氮不达标水体的处理设施执行；

e. 出水排入封闭水体或磷不达标水体的处理设施执行；

f. 仅针对含提供餐饮服务的农村旅游项目生活污水的处理设施执行。

17. 辽宁省

辽宁省 DB 21/3176—2019《农村生活污水处理设施水污染物排放标准》于 2020 年 3 月 30 日起实施。该标准分一级、二级、三级共三档标准，包含了 pH 值、SS、COD_{Cr}、氨氮、总氮、总磷、动植物油等控制指标，适用于规模小于 500 m^3/d（不含）的农村生活污水处理设施水污染物排放管理。辽宁省农村生活污水处理设施水污染物排放限值见附表 17。

附表 17　辽宁省农村生活污水处理设施水污染物排放限值

<table>
<tr><th>序号</th><th>污染物或项目名称</th><th>单位</th><th>一级标准</th><th>二级标准</th><th>三级标准</th></tr>
<tr><td>1</td><td>pH 值</td><td>—</td><td colspan="3">6~9</td></tr>
<tr><td>2</td><td>悬浮物（SS）</td><td rowspan="6">mg/L</td><td>20</td><td>30</td><td>50</td></tr>
<tr><td>3</td><td>化学需氧量（COD_{Cr}）</td><td>60</td><td>100</td><td>120</td></tr>
<tr><td>4</td><td>氨氮（以 N 计）[a]</td><td>8（15）</td><td>25（30）</td><td>25（30）</td></tr>
<tr><td>5</td><td>总氮（以 N 计）</td><td>20</td><td>—</td><td>—</td></tr>
<tr><td>6</td><td>总磷（以 P 计）</td><td>2</td><td>3</td><td>—</td></tr>
<tr><td>7</td><td>动植物油[b]</td><td>3</td><td>5</td><td>10</td></tr>
</table>

注：a. 括号外数值为水温>12 ℃时的控制指标，括号内数值为水温≤12 ℃时的控制指标；

b. 动植物油仅针对含农家乐污水的处理设施。

18. 吉林省

吉林省 DB 22/3094—2020《农村生活污水处理设施水污染物排放标准》于 2020 年

4 月 1 日起实施。该标准分一级、二级、三级共三档标准，包含了 pH 值、SS、COD_{Cr}、氨氮、总氮、总磷、动植物油等控制指标，适用于全省设计规模小于 500 m^3/d（不含）的农村生活污水处理设施水污染物排放，不适用于混有工业废水或畜禽养殖废水的农村污水处理设施水污染物排放。吉林省农村生活污水处理设施水污染物排放限值见附表 18。

附表 18　吉林省农村生活污水处理设施水污染物排放限值

序号	污染物或项目名称	单位	一级标准	二级标准	三级标准
1	pH 值	—	6~9		
2	化学需氧量（COD_{Cr}）	mg/L	60	100	120
3	悬浮物（SS）		20	30	50
4	氨氮（以 N 计）		8（15）	25（30）[a]	25（30）[a]
5	总氮（以 N 计）[a]		20	35	35
6	总磷（以 P 计）[b]		1	3	5
7	动植物油[c]		3	5	20

注：括号外的数值为水温>12 ℃时的控制指标，括号内的数值为水温≤12 ℃时的控制指标；

a. 当出水排入封闭水体或超标因子为氮的不达标水体时执行；

b. 当出水排入封闭水体或超标因子为磷的不达标水体时执行；

c. 动植物油排放浓度限值仅针对农村旅店饭馆、农家乐的生活污水处理设施。

19. 黑龙江省

黑龙江省 DB 23/2456—2019《农村生活污水处理设施水污染物排放标准》于 2019 年 9 月 27 日起实施。该标准分一级、二级、三级共三档标准，包含了 pH 值、SS、COD_{Cr}、氨氮、总氮、总磷、动植物油等控制指标，适用于规模小于 500 m^3/d（不含）的农村生活污水处理设施水污染物排放管理。黑龙江省农村生活污水处理设施水污染物排放限值（日均值）见附表 19。

附表 19　黑龙江省农村生活污水处理设施水污染物排放限值（日均值）

序号	控制项目名称	单位	一级标准	二级标准	三级标准
1	pH 值	—	6~9		
2	悬浮物（SS）	mg/L	20	30	50
3	化学需氧量（COD_{Cr}）		60	100	120
4	氨氮（以 N 计）		8（15）[a]	25（30）[a]	15 [b]
5	总氮[c]（以 N 计）		20	35	35
6	总磷[c]（以 P 计）		1	3	5
7	动植物油[d]		3	5	20

注：a. 括号外的数值为水温>12 ℃时的控制指标，括号内的数值为水温≤12 ℃时的控制指标；

b. 适用于出水直接排入村庄附近池塘等水体；

c. 适用于出水排入湖泊、水库等封闭水体或超标因子为氮磷的不达标水体的情形；

d. 适用于提供餐饮服务的农村旅游项目生活污水处理设施的情形。

20. 海南省

海南省 DB 46/483—2019《农村生活污水处理设施水污染物排放标准》于 2019 年 12

月 15 日起实施。该标准分一级、二级、三级共三档标准，包含了 pH 值、SS、COD_{Cr}、氨氮、总氮、总磷、动植物油、粪大肠菌群数等控制指标，适用于规模小于 500 m^3/d（不含）的农村生活污水处理设施水污染物排放管理。海南省农村生活污水处理设施水污染物排放限值见附表 20。

附表 20　海南省农村生活污水处理设施水污染物排放限值

序号	污染物或项目名称	单位	一级标准	二级标准	三级标准
1	pH 值	—	6~9		
2	悬浮颗粒物（SS）	mg/L	20	30	60
3	化学需氧量（COD_{Cr}）		60	80	120
4	氨氮（NH_3-N，以 N 计）		8	20	25
5	总氮（TN，以 N 计）		20	—	—
6	总磷（TP，以 P 计）		1	3	—
7	动植物油[a]		3	5	20
8	粪大肠菌群数[b]	个/L	10^4	—	—

注：a. 仅适用于含农家乐等餐饮服务类污水的排水；

b. 仅适用于规模大于 100 m^3/d（含），且出水排入 GB 3838 地表水Ⅲ类水域、GB 3097 海水二类海域和湖、库等封闭或半封闭水域的排水。

21. 重庆市

重庆市 DB 50/848—2021《农村生活污水集中处理设施水污染物排放标准》于 2021 年 12 月 8 日起实施。该标准分一级、二级、三级共三档标准，选取了 pH 值、COD_{Cr}、SS、氨氮、总磷作为基本控制指标，选取了总氮和动植物油作为选择控制指标，适用于处理规模小于 500 m^3/d（不含）的农村生活污水处理设施水污染物排放管理。重庆市农村生活污水集中处理设施水污染物排放限值见附表 21。

附表 21　重庆市农村生活污水集中处理设施水污染物排放限值

序号	控制类型	控制项目名称	单位	一级标准	二级标准	三级标准
1	基本控制项目	pH 值	—	6~9		
2		化学需氧量（COD_{Cr}）	mg/L	60	100	120
3		悬浮物（SS）		20	30	40
4		氨氮（NH_3-N）		>12 ℃：8 ≤12 ℃：15	20（15）[a]	25（15）[a]
5		总磷（以 P 计）		2.0（1.0）[b]	3.0（2.0）[b]	4.0（3.0）[b]
6	选择控制项目	总氮（以 N 计）[c]		20	—	—
7		动植物油[d]		3	5	10

注：a. 设施出水排入氨氮不达标水体或黑臭水体时执行括号内限值；

b. 设施出水排入湖泊、水库等封闭水体或磷不达标水体时执行括号内限值；

c. 设施出水排入湖泊、水库等封闭水体时执行；

d. 处理民宿、农家乐等餐饮废水的设施执行。

22. 四川省

四川省 DB 51/2626—2019《农村生活污水处理设施水污染物排放标准》于 2020 年 1 月 1 日起实施。该标准分一级、二级、三级共三档标准，包含了 pH 值、SS、COD_{Cr}、氨氮、总氮、总磷、动植物油等控制指标，适用于设计处理规模 500 m^3/d（不含）以下的农村生活污水处理设施水污染物排放管理。四川省农村生活污水处理设施水污染物排放限值见附表 22。

附表 22　四川省农村生活污水处理设施水污染物排放限值

序号	污染物或项目名称	单位	一级标准	二级标准	三级标准
1	pH 值	—	6~9		
2	化学需氧量（COD_{Cr}）	mg/L	60	80	100
3	悬浮物（SS）		20	30	40
4	氨氮（以 N 计）		8（15）[a]	15	25
5	总氮（以 N 计）		20	—	—
6	总磷（以 P 计）		1.5	3	4
7	动植物油[b]		3	5	10

注：a. 括号外的数值为水温>12 ℃时的控制指标，括号内的数值为水温≤12 ℃时的控制指标；
b. 动植物油指标仅针对含提供餐饮服务的农村旅游项目生活污水的处理设施执行。

23. 贵州省

贵州省 DB 52/1424—2019《农村生活污水处理设施水污染物排放标准》于 2019 年 9 月 1 日起实施，该标准分一级、二级、三级共三档标准，包含了 pH 值、SS、COD_{Cr}、氨氮、总氮、总磷、动植物油等控制指标，适用于除城镇建成区以外的处理能力 500 m^3/d（不含）以下的农村生活污水处理设施的水污染物排放管理。贵州省农村生活污水处理设施水污染物排放限值详见附表 23。

附表 23　贵州省农村生活污水处理设施水污染物排放限值

序号	污染物或项目名称	单位	一级标准	二级标准	三级标准
1	pH 值	—	6~9		
2	化学需氧量（COD_{Cr}）	mg/L	60	100	120
3	悬浮物（SS）		20	30	50
4	氨氮（以 N 计）		8（15）[a]	15	25
5	总氮（以 N 计）[b]		20	30	—
6	总磷（以 P 计）[c]		2	3	—
7	动植物油[c]		3	5	10

注：a. 括号外的数值为水温>12 ℃时的控制指标，括号内的数值为水温≤12 ℃时的控制指标；
b. 排入封闭、半封闭水体或地方生态环境行政主管部门认为需要进行富营养化控制的水域；
c. 仅针对含提供餐饮服务的农村旅游项目生活污水的处理设施执行。

24. 云南省

云南省 DB 53/T 953—2019《农村生活污水处理设施水污染物排放标准》于 2019 年 12 月

23日起实施。该标准分一级、二级、三级共三档标准，包含了pH值、SS、COD_{Cr}、氨氮、总氮、总磷、动植物油等控制指标，适用于处理规模500 m^3/d（不含）以下的农村生活污水处理设施水污染物排放管理。云南省农村生活污水处理设施水污染物排放限值见附表24。

附表24 云南省农村生活污水处理设施水污染物排放限值

序号	控制项目名称	单位	一级标准		二级标准	三级标准
			A标准	B标准		
1	pH值	—	6~9			
2	化学需氧量（COD_{Cr}）	mg/L	60		100	120
3	悬浮物（SS）		20		30	50
4	氨氮（NH_3-N）[a]		8（15）		15（20）[c]	15（20）[b]
5	总氮（以N计）		20	20[c]	—	—
6	总磷（以P计）		1	1[c]	3[c]	—
7	动植物油[d]		3		5	20

注：a. 括号外数值为水温>12 ℃时的控制指标，括号内数值为水温≤12 ℃时的控制指标；

b. 当出水直接排入村庄附近池塘等环境功能未明确水体时执行；

c. 当出水直接排入氮磷不达标水体时执行；

d. 进水含餐饮服务的农村生活污水处理设施的控制指标。

25. 陕西省

陕西省DB 61/1227—2018《农村生活污水处理设施水污染物排放标准》于2020年1月起实施。该标准分特别排放限值、一级、二级共三档标准，包含了pH值、SS、COD_{Cr}、氨氮、总氮、总磷、动植物油等控制指标，适用于设计处理规模50 m^3/d（包含）至500 m^3/d（包含）且位于城镇建成区以外的农村生活污水处理设施水污染物排放管理。陕西省农村生活污水处理设施水污染物排放限值见附表25。

附表25 陕西省农村生活污水处理设施水污染物排放限值

序号	污染物或项目名称	单位	特别排放限值	一级标准	二级标准
1	pH值	—	6~9		
2	化学需氧量（COD_{Cr}）	mg/L	60	80	150
3	悬浮物（SS）		20		30
4	总磷（以P计）		2		3
5	氨氮（以N计）		15		—
6	动植物油		5		10
7	总氮（以N计）		20	—	—

26. 甘肃省

甘肃省DB 62/4014—2019《农村生活污水处理设施水污染物排放标准》于2019年9月1日起实施。该标准分一级、二级、三级共三档标准，包含了pH值、SS、COD_{Cr}、氨氮、总氮、总磷、动植物油等控制指标，适用于城镇建成区以外处理规模500 m^3/d以下（不含）的农村生活污水处理设施的水污染物排放管理。甘肃省农村生活污水处理设施水污染物排放限值见附表26。

附表26 甘肃省农村生活污水处理设施水污染物排放限值

序号	污染物或项目名称	单位	一级标准	二级标准	三级标准	
					A	B
1	pH值	—	6~9		5.5~8.5	
2	化学需氧量（COD_{Cr}）	mg/L	60	100	120	200
3	悬浮物（SS）		20	30	50	100
4	氨氮（以N计）[a]		8（15）	15（25）	25（30）	—
5	总磷（以P计）		2	3	—	—
6	总氮（以N计）		20	—	—	—
7	动植物油[b]		3	5	15	—

注：a. 括号外的数值为水温>12 ℃时的控制指标，括号内的数值为水温≤12 ℃时的控制指标；

b. 动植物油仅针对含农家乐、饭店等餐饮废水的处理设施执行。

27. 青海省

青海省DB 63/T 1777—2020《农村生活污水处理排放标准》于2020年7月1日起实施。该标准分一级、二级、三级共三档标准，包含了pH值、SS、COD_{Cr}、氨氮、总氮、总磷、动植物油和阴离子表面活性剂等控制指标，适用于青海省不同环境功能区设计规模小于350 m^3/d（不含）的农村或城镇生活污水处理设施水污染物排放管理。青海省农村生活污水处理设施水污染物排放限值见附表27。

附表27 青海省农村生活污水处理设施水污染物排放限值

序号	控制指标名称	单位	一级标准	二级标准	三级标准
1	pH值	—	6~9		
2	悬浮物（SS）	mg/L	15	20	30
3	化学需氧量（COD_{Cr}）		60	80	120
4	氨氮（NH_3-N，以N计）[a]		8（10）	8（15）	10（15）
5	总磷（T-P，以P计）[b]		1.5	3	5
6	总氮（T-N，以N计）[c]		20	—	—
7	动植物油[d]		3	5	15
8	阴离子表面活性剂[e]		1	2	5

注：a. 括号外数值为水温>12 ℃时的控制指标，括号内数值为水温≤12 ℃时的控制指标；

b. 总磷（T-P）适用于出水直接或间接排入封闭水体或超标因子为磷的不达标水体的情况；

c. 总氮（T-N）适用于出水直接或间接排入封闭水体或超标因子为总氮的不达标水体的情况；

d. 动植物油适用于提供各类餐饮服务的农村旅游项目及经营性的农家乐、牧家乐等生活污水处理的情况；

e. 阴离子表面活性剂适用于提供各类餐饮服务的农村旅游项目及经营性的农家乐、牧家乐等生活污水处理的情况。

28. 宁夏回族自治区

宁夏回族自治区DB 64/700—2020《农村生活污水处理设施水污染物排放标准》于2020年5月28日起实施。该标准分一级、二级、三级共三档标准，包含了pH值、SS、

COD_{Cr}、氨氮、总氮、总磷、动植物油等控制指标，适用于城镇建成区以外处理规模500 m³/d以下（不含）的农村生活污水处理设施的水污染物排放管理。宁夏回族自治区农村生活污水处理设施水污染物排放限值见附表28。

附表28　宁夏回族自治区农村生活污水处理设施水污染物排放限值

<table>
<tr><th>序号</th><th>污染物或项目名称</th><th>单位</th><th>一级标准</th><th>二级标准</th><th>三级标准</th></tr>
<tr><td>1</td><td>pH值</td><td>—</td><td colspan="3">6~9</td></tr>
<tr><td>2</td><td>化学需氧量（COD_{Cr}）</td><td rowspan="6">mg/L</td><td>60</td><td>100</td><td>120</td></tr>
<tr><td>3</td><td>悬浮物（SS）</td><td>20</td><td>30</td><td>40</td></tr>
<tr><td>4</td><td>氨氮（以N计）</td><td>10（15）[a]</td><td>15（20）</td><td>20（25）</td></tr>
<tr><td>5</td><td>总氮（以N计）[b]</td><td>20</td><td>30</td><td>—</td></tr>
<tr><td>6</td><td>总磷（以P计）[b]</td><td>2</td><td>3</td><td>—</td></tr>
<tr><td>7</td><td>动植物油[c]</td><td>3</td><td>5</td><td>10</td></tr>
</table>

注：a. 括号外的数值为水温>12 ℃时的控制指标，括号内的数值为水温≤12 ℃时的控制指标；
b. 排入封闭水体或氮、磷超标的水体；
c. 仅针对含提供餐饮服务的农村旅游项目生活污水的处理设施执行。

29. 新疆维吾尔自治区

新疆维吾尔自治区DB 65 4275—2019《农村生活污水处理排放标准》于2019年11月15日起实施。该标准分一级、二级、三级共三档标准，包含了pH值、SS、COD_{Cr}、氨氮、总氮、动植物油和阴离子表面活性剂等控制指标，适用于城镇建成区以外的500 m³/d（不含）以下规模的农村生活污水处理设施的水污染物排放管理。边远矿山、远离城镇的公路、铁路服务区、收费站、变电站、管道和输变电线路配套生活设施500 m³/d（不含）以下规模的生活污水处理设施，经有审批权的生态环境部门批准后，按照该标准执行。新疆维吾尔自治区农村生活污水处理设施水污染物排放限值（日均值）见附表29。

附表29　新疆维吾尔自治区农村生活污水处理设施水污染物排放限值（日均值）

<table>
<tr><th>序号</th><th colspan="2">污染物或项目名称</th><th>单位</th><th>一级标准</th><th>二级标准</th><th>三级标准</th></tr>
<tr><td>1</td><td colspan="2">pH值</td><td>—</td><td colspan="3">6~9</td></tr>
<tr><td>2</td><td colspan="2">悬浮物（SS）</td><td rowspan="5">mg/L</td><td>20</td><td>25</td><td>30</td></tr>
<tr><td>3</td><td colspan="2">化学需氧量（COD_{Cr}）</td><td colspan="2">60</td><td>100</td></tr>
<tr><td rowspan="2">4</td><td rowspan="2">氨氮（以N计）</td><td>水温≤12 ℃</td><td colspan="2">8</td><td>25</td></tr>
<tr><td>水温>12 ℃</td><td colspan="2">15</td><td>30</td></tr>
<tr><td>5</td><td colspan="2">总氮（以N计）</td><td>20</td><td colspan="2">—</td></tr>
<tr><td>6</td><td colspan="2">粪大肠菌群</td><td>MPN/L</td><td>10 000</td><td>—</td><td>—</td></tr>
<tr><td>7</td><td colspan="2">动植物油</td><td>mg/L</td><td colspan="2">3</td><td>5</td></tr>
</table>

注：动植物油仅针对含农村提供餐饮服务污水的处理设施执行。

30. 内蒙古自治区

内蒙古自治区DB HJ/001—2020《农村生活污水处理设施污染物排放标准（试行）》于2020年4月1日起实施。该标准分一级、二级、三级共三档标准，包含了pH值、SS、

COD_{Cr}、氨氮、总氮等控制指标，规定了农村生活污水处理设施污染物的排放控制、监测、实施和监督等要求。内蒙古自治区农村生活污水处理设施水污染物排放限值见附表 30。

附表 30　内蒙古自治区农村生活污水处理设施水污染物排放限值

序号	污染物或项目名称	单位	一级标准	二级标准	三级标准
1	pH 值	—	6~9		
2	化学需氧量（COD_{Cr}）	mg/L	60	100	120
3	氨氮（以 N 计）[a]		8（15）	15	25（30）
4	悬浮物（SS）		20	30	50
5	总磷（以 P 计）[b]		1.5	3	5
6	总氮（以 N 计）[b]		20	—	—

注：a. 括号外的数值为水温>12 ℃的控制指标，括号内的数值为水温≤12 ℃的控制指标；

b. 总氮、总磷适用于出水排入封闭水体或超标因子为氮磷的不达标水体的情形。

31. 西藏自治区

西藏自治区 DB 54/T 0182—2019《农村生活污水处理设施水污染物排放标准》于 2020 年 1 月 19 日起实施。该标准分一级、二级、三级共三档标准，包含了 pH 值、SS、COD_{Cr}、氨氮、总磷和动植物油等控制指标，适用于城镇建成区以外地区规模小于 500 m^3/d（不含）的农村生活污水处理设施污染物排放管理。西藏自治区农村生活污水处理设施水污染物排放限值见附表 31。

附表 31　西藏自治区农村生活污水处理设施水污染物排放限值

序号	污染物或项目名称	单位	一级标准	二级标准	三级标准
1	pH 值	—	6~9		
2	化学需氧量（COD_{Cr}）	mg/L	60	100	120
3	悬浮物（SS）		20	30	50
4	氨氮（以 N 计）[a]		15（20）	25（30）	25（30）
5	总磷（以 P 计）		2	3	—
6	动植物油[b]		3	5	20

注：a. 括号外的数值为水温>12 ℃时的控制指标，括号内数值为水温≤12 ℃时的控制指标；

b. 仅针对含提供餐饮服务的农村旅游项目的生活污水处理设施执行。

参考文献

[1] 张齐生. 中国农村生活污水处理 [M]. 南京：江苏科学技术出版社，2013.

[2] 汤吉超，刘兴斌，李兆华，等. 武汉市农村村庄生活污水治理技术与建设指南（试行）[R]. 武汉市农村村庄生活污水治理指挥部办公室，武汉市农村污水处理工程技术研究中心，2018.

[3] 生态环境部土壤生态环境司，中国环境科学研究院. 农村生活污水治理技术手册 [M]. 北京：中国环境出版集团，2020.

[4] 刘海玉，洪卫，席北斗. 农村污水处理实用技术 [M]. 北京：中国建筑工业出版社，2019.

[5] 井媛媛，等. 村镇污水处理市场分析报告 [R]. E20 环境平台水业研究中心，2020.

[6] 前瞻产业研究院. 中国农村污水处理行业发展前景预测与投资战略规划分析报告 [R]. 前瞻产业研究院，2021.

[7] 侯立安，席北斗，张列宇，等. 农村生活污水处理与再生利用 [M]. 北京：化学工业出版社，2021.

[8] 张风波，徐周，关涛，等. 农村生活污水治理需多方持续发力 [N]. 中国环境报，2021-1-4 (03).

[9] 中国农业科学院农业环境与可持续发展研究所. 农村厕所粪污处理与资源化利用 [M]. 北京：中国农业出版社，2020.

[10] 孙临泉. MABR 技术在城市受污染河道修复中的应用研究 [D]. 天津大学，2015：1-5.

[11] WU J，ZHANG Y. Evaluation of the impact of organic material on the anaerobic methane and ammonium removal in a membrane aerated biofilm reactor（MABR）based on the multispecies biofilm modeling. [J]. Environmental Science & Pollution Research，2016，24（2）：1-9.

[12] TIAN J Y，LIANG H，Y ANG Y L，et al. Membrane adsorption bioreactor（MABR）for treating slightly polluted surface water supplies：As compared to membrane bioreactor（MBR）[J]. Journal of Membrane Science，2008，325（1）：262-270.